Economica Laterza
804

Marco Ciardi

Terra

Storia di un'idea

Editori Laterza

www.laterza.it

Fig. 3: Firenze, BNC,
ms. Galileiano 48, c. 28*r*.
Su concessione del Ministero
per i Beni e le Attività Culturali/
Biblioteca Nazionale Centrale
di Firenze. Divieto di ulteriore
riproduzione con qualsiasi mezzo.

Edizioni precedenti:
«Universale Laterza» 2013

Nella «Economica Laterza»
Prima edizione aprile 2017

Edizione
1 2 3 4 5 6
Anno
2017 2018 2019 2020 2021 2022

Questo libro è stampato
su carta amica delle foreste

Stampato da
SEDIT - Bari (Italy)
per conto della
Gius. Laterza & Figli Spa
ISBN 978-88-581-2833-6

Introduzione

La scoperta della Terra

«Siamo andati ad esplorare la Luna ma, in realtà, abbiamo scoperto la Terra». Queste parole furono pronunciate dall'astronauta Eugene Cernan in riferimento all'impatto culturale determinato dalle celeberrime missioni spaziali «Apollo». Cernan, il quale prese parte all'Apollo 10, fu anche membro dell'equipaggio dell'Apollo 17, l'ultima spedizione ad aver portato esseri umani sulla Luna, alla fine del 1972. In tale occasione venne scattata, il 7 dicembre, una delle fotografie più importanti nella storia dell'umanità, la cosiddetta *Blue Marble*, la «Biglia Blu». Erano trascorse 5 ore e 6 minuti dal lancio e 1 ora e 48 minuti dal momento in cui il veicolo spaziale aveva abbandonato l'orbita terrestre in direzione del nostro satellite. Un'immagine unica. La vicinanza al solstizio d'inverno permetteva l'illuminazione completa della Terra. Lo scatto venne effettuato da una distanza di circa 45.000 km dalla superficie terrestre. Nessun uomo da allora si è mai più trovato in una situazione del genere. È la migliore visione che abbiamo della nostra casa. Fa bene guardarla, di tanto in tanto, per capire esattamente dove viviamo e, di conseguenza, per comprendere meglio chi siamo e come dovremmo comportarci.

In precedenza, una grande emozione era stata suscitata dalle foto scattate, il 24 dicembre 1968, dall'Apollo 8. Era quella la prima missione in cui tre esseri umani lasciavano l'orbita terrestre per compiere un viaggio «intorno alla Luna» (tanto per rievocare il titolo di un famoso romanzo di Jules Verne, uno dei padri della fantascienza moderna). Fino ad allora, tutti i veicoli che avevano orbitato intorno alla Terra non erano riusciti ad averne una visione completa, a causa dell'esigua distanza dalla superficie del nostro pianeta (circa 200-300 km). Gli astronauti dell'Apollo 8, invece, ebbero la possibilità, finalmente, di vedere la Terra tutta intera. La più celebre delle foto scattate nell'occasione è indubbiamente quella denominata *Earthrise*, «il sorgere della Terra». Un fenomeno visibile soltanto a un osservatore che si trovi in orbita lunare. Infatti, osservando la Terra da un punto fisso sulla superficie lunare, la Terra non 'sorge' mai, perché, avendo la Luna una rotazione sincrona rispetto al nostro pianeta, gli rivolge sempre la stessa faccia. James Lovell, uno dei membri dell'equipaggio, protagonista di tante missioni spaziali (fu il comandante dell'Apollo 13, impersonato da Tom Hanks nel film di Ron Howard), alla vista della Terra esclamò: «È veramente difficile descrivere come mi appare la Terra, sto guardando dall'oblò centrale e la posso vedere tutta, è molto più piccola del finestrino». Commentando il significato della missione dell'Apollo 8 e le parole di Lovell, Umberto Guidoni, il primo astronauta europeo a visitare la Stazione Spaziale Internazionale, ha scritto: «L'emozione più grande deve essere stata veder sorgere la Terra, dietro la linea dell'orizzonte lunare. Quel pallido disco azzurro, fragile isola abitata immersa nel mare buio e vellutato dello spazio interplanetario, poteva essere 'cancellato' con un semplice gesto della mano».

Fig. 1. *Earthrise*.

Quasi una magia. Una mano di fronte agli occhi e il nostro pianeta era scomparso, mostrando tutta la sua piccolezza nell'infinità del cosmo.

«Abbiamo scoperto la Terra». Sembra un'affermazione paradossale, ma non lo è affatto. Del resto, che per 'scoprire' il nostro pianeta fosse necessario porsi da un punto di osservazione completamente diverso l'aveva già capito Christiaan Huygens, uno dei più grandi astronomi di tutti i tempi. Così scriveva, sul finire del Seicento: «Conviene che ci consideriamo come posti al di fuori della Terra e capaci di guardarla da lontano.

Possiamo allora chiederci se è vero che la natura ha conferito ad essa tutti i suoi ornamenti. In quel modo potremo capire meglio cosa è la Terra e come dobbiamo considerarla». Da oltre quarant'anni, noi abbiamo finalmente la possibilità fisica, e non solo mentale, di dare un seguito alla convinzione di Huygens.

Abitare un luogo non significa avere consapevolezza di dove si vive realmente. Come Truman Burbank nel bellissimo film di Peter Weir, *The Truman Show*, possiamo essere del tutto ignari del posto in cui ci troviamo effettivamente, vittime di una gabbia dorata che è stata costruita intorno a noi, e che mai ci siamo sognati – neanche lontanamente – di mettere in discussione. Come uscire da questa situazione? C'è un solo modo per farlo: avere il coraggio di sapere come stanno veramente le cose, seguendo l'innata curiosità che tutti dovremmo possedere e quegli indizi che nel corso della nostra vita ci hanno fatto intuire che c'è qualcosa che non va per il verso giusto.

Il primo passo da compiere è ricostruire la nostra memoria. Ecco che la storia diventa una delle armi più potenti che abbiamo a disposizione. Potremmo vivere senza memoria? Cosa accadrebbe se improvvisamente non ci ricordassimo più la data del nostro compleanno o, ancora peggio (decisamente peggio), chi siamo? Se è naturale conoscere la data del proprio compleanno e magari anche il proprio segno zodiacale (a fini puramente ludici, naturalmente, ma è pur sempre utile per iniziare una conversazione), perché non dovremmo conoscere il compleanno dell'universo in cui viviamo? È vero che, secondo i matematici e i fisici teorici, di universi possibili ce ne sono molti, ma ora non ci soffermeremo su questo problema, dal momento che ne avremo tanti altri da risolvere nel corso del nostro racconto.

Un dato sul quale non si riflette mai abbastanza è l'età dell'universo: 13,7 miliardi di anni (all'incirca, ovviamente, la scienza non è un sapere così esatto come in genere si crede, ma proprio in questo sta la sua forza). C'è una profonda differenza, per il nostro modo di concepire il mondo e la vita, nel sapere che l'universo che abitiamo ha alle spalle un tempo così lungo e non è stato creato 6000 anni fa, come riteneva la tradizione biblica nel Seicento (e come alcuni incredibilmente sostengono ancora oggi). Siamo al centro, sia dal punto di vista fisico che morale, di un preciso progetto cosmico? Oppure, in uno spazio popolato da miliardi e miliardi di galassie e di stelle, abitiamo un piccolo pianeta, di cui siamo gli ultimi malcapitati occupanti, dopo una serie interminabile di specie che si sono succedute in milioni e milioni di anni, in seguito ad almeno cinque grandi estinzioni di massa? La cosa non è di secondaria importanza. Il nostro ruolo di attori sul globo cambia completamente, a seconda che sia vera la prima o la seconda di queste prospettive.

Nel corso degli ultimi quattro secoli, cioè dalla comparsa della scienza moderna in Europa, alcuni uomini hanno dimostrato che le concezioni tradizionali intorno alla storia e all'età dell'universo, della Terra e della specie umana erano completamente sbagliate. Per quanto riguarda l'origine del nostro pianeta, oggi si parla all'incirca di 4,5 miliardi di anni: in sostanza, quando è nata la Terra l'universo esisteva già da 9 miliardi di anni. Questo libro non ha l'obiettivo di ripercorrere l'intera storia delle scoperte e dei mutamenti teorici e sperimentali che hanno portato a un cambiamento di tale portata. Ci vorrebbero tantissimi volumi per farlo e, in fondo, esistono già molti testi di storia della scienza nei quali reperire tutte le informazioni tecniche e specifiche necessarie, se qualcuno avrà intenzione di approfondire gli argomenti trattati in queste pagine. In maniera molto più semplificata, attraverso una scelta di episodi, casi e citazioni, cercherò di mostrare come sia progressivamente cambiata l'idea di Terra dal Seicento ai giorni nostri, grazie allo sviluppo dello strumento migliore che fino ad oggi la specie umana ha prodotto per conoscere la realtà che la circonda, cioè la scienza. Ponendomi anche un interrogativo: siamo certi che la consapevolezza di questo cambiamento sia oggi diffusa e generalizzata? Spero che le pagine che seguono possano offrire un piccolo contributo per cercare di rispondere a questa domanda. Sarei contento di sapere che, al termine della lettura del libro, alcune persone abbiano iniziato a chiedersi se non stiano vivendo un loro, personalissimo, 'Truman Show'. E che decidano, quindi, di iniziare a rivedere i loro schemi mentali. A tutti gli altri, non resta che rivolgermi alla maniera di Truman: «In caso non dovessimo rivederci, buon pomeriggio, buona sera e buona notte».

Terra

Storia di un'idea

Capitolo 1

La fine delle stelle fisse

L'idea che nel Medioevo si ritenesse la Terra piatta rappresenta un clamoroso mito storiografico: «è solo in tempi recenti (diciamo meno di due secoli)», ha scritto Umberto Eco, «che si inizia ad attribuire al Medioevo quella strana credenza». Infatti, «il pensiero laico ottocentesco, irritato dal fatto che la Chiesa non avesse accettato l'ipotesi eliocentrica, ha attribuito a tutto il pensiero scolastico l'idea che la Terra fosse piatta». La storia è sempre più complessa delle spiegazioni che noi vorremmo attribuirle. Ad esempio, John Holywood (meglio noto come Giovanni Sacrobosco), che insegnò all'Università di Parigi, realizzò nella prima metà del Duecento un trattato, dall'emblematico titolo *De sphaera mundi*, destinato ad avere una grande fortuna, in cui era chiaramente enunciata la concezione sferica della Terra. Del resto, la sfericità della nostra casa era già ben nota agli antichi, da Aristotele fino a Eratostene, direttore della famosissima biblioteca di Alessandria d'Egitto, il quale riuscì a determinare in maniera accurata la misura delle dimensioni del globo terrestre.

Diversamente dalla questione della terra piatta, le opinioni cambiavano completamente se si iniziava a parlare della posizione del pianeta nell'universo. Secondo la tradizione, infatti, la Terra si trovava immobile al centro del cosmo. Era tutto il resto che le girava intorno. Già, ma come facevano i corpi celesti a restare sospesi in aria? Gli antichi non conoscevano la forza di gravità e furono costretti a inventarsi una soluzione plausibile: i pianeti (tutti rigorosamente sferici come la Terra) erano incastonati in vere e proprie sfere solide e concentriche. Come mai le sfere non risultavano visibili dalla Terra? Semplice: perché erano formate di etere, una sostanza trasparente, inalterabile e incorruttibile, tipica dei corpi divini. Perché invece i pianeti e le stelle, pur essendo fatti di materia perfetta (detta anche quintessenza), potevano essere osservati? Anche in questo caso le risposte non mancavano: per spiegare la differenza tra gli astri e il resto del cielo era sufficiente ipotizzare variazioni nella densità della materia celeste, differenze di grandezza fra un corpo ed un altro, e così via.

Le idee sull'universo formulate nell'antichità trovarono una mirabile sintesi nel sistema fisico e cosmologico di Aristotele, vissuto fra il 384 e il 322 a.C. Secondo Aristotele, esistevano sette «stelle mobili» (o pianeti), fra cui il Sole e la Luna, collocate su sette sfere distinte, tre delle quali si trovavano al di là della sfera del Sole, e tre al di qua. Partendo dalla Terra, l'ordine dei pianeti era questo: Luna, Mercurio, Venere, Sole, Marte, Giove, Saturno. Un'ultima sfera, quella delle «stelle fisse», rappresentava il limite ultimo dell'universo. Il cosmo, dunque, era chiuso e finito. Il «primo mobile» trasportava le stelle fisse (che erano tutte alla stessa distanza dalla Terra), producendo il movimento che si trasmetteva alle altre sfere. Il «motore immobile», invece, rappresentava l'essere onnipotente che controllava il movimento dei cieli. Completamente differente era la condizione del nostro pianeta, sede dell'imperfezione e del mutamento. La materia terrestre, molto meno nobile di quella celeste, risultava composta da quattro elementi base: aria, fuoco, acqua e terra. Queste sostanze possedevano particolari qualità, che permettevano la trasformazione di un elemento nell'altro: ad esempio, il fuoco poteva diventare aria per mezzo del calore, oppure l'aria riusciva a trasformarsi in acqua grazie all'umidità.

Il sistema aristotelico venne progressivamente assorbito all'interno della visione cristiana del mondo. L'universo descritto da Dante Alighieri nella *Divina Commedia* rappresenta una delle migliori esemplificazioni di questa integrazione, dove alle varie sfere celesti corrispondono le potenze angeliche. Nel Medioevo (e per buona parte dell'età moderna), la Bibbia non rappresentò soltanto il testo contenente le più alte verità religiose e spirituali, ma un vero e proprio manuale scientifico, che parlava della storia e della costituzione dell'universo, della Terra e degli uomini. Per tutto ciò che riguardava il tema della creazione, era sufficiente leggere il libro della *Genesi*, mentre per avere informazioni sulla fine del mondo, alcuni ritenevano che si dovessero decifrare i segreti contenuti nell'*Apocalisse*. Relativamente alla struttura del cosmo, la sintonia tra i testi sacri e il sistema aristotelico era perfetta. Tra i passi più celebri, quello tratto dal libro di *Giosuè* (X, 10-15) sembrava chiarissimo sulla questione della centralità della Terra e della mobilità del Sole:

Il Signore mise lo scompiglio in mezzo a loro dinanzi ad Israele, che inflisse loro in Gàbaon una grande disfatta, li inseguì verso la salita di Bet-Coron e li batté fino ad Azeka, e fino a Makkeda. Mentre essi fuggivano dinanzi a Israele ed erano alla discesa di Bet-Coron, il Signore lanciò dal cielo su di essi come grosse pietre fino ad Azeka e molti morirono. Coloro che morirono per le pietre della grandine furono più di quanti ne uccidessero gli Israeliti con la spada. Allora, quando il Signore mise gli Amorrei nelle mani degli Israeliti, Giosuè disse al Signore sotto gli occhi di Israele:

«Sole, fermati in Gàbaon
e tu luna, sulla valle di Aialon».
Si fermò il sole
e la luna rimase immobile
finché il popolo non si vendicò dei nemici.

Non è forse scritto nel libro del Giusto: «Stette fermo il sole in mezzo al cielo e non si affrettò a calare quasi un giorno intero. Non ci fu giorno come quello, né prima né dopo, perché aveva ascoltato il Signore la voce di uomo, perché il Signore combatteva per Israele»?

Poi Giosuè con tutto Israele ritornò all'accampamento di Gàlgala.

La visione del mondo aristotelico-cristiana (sarebbe necessario parlare anche di Tolomeo, il più famoso astronomo dell'antichità, ma rimandiamo i lettori ad ulteriori, personali approfondimenti) fu più o meno accettata senza particolari problemi fino al 1543, quando venne pubblicato a Norimberga un testo destinato a cambiare in maniera radicale la storia del mondo. Il titolo del libro era *De revolutionibus orbium coelestium* (*Le rivoluzioni delle sfere celesti*), l'autore un astronomo di nome Niccolò Copernico, nato a Toruń, in Pomerania, il 19 febbraio 1473. Si narra che Copernico, canonico di Frauenburg, abbia ricevuto una copia dell'opera il giorno stesso della sua morte, il 24 maggio 1543. Copernico, che aveva studiato e lavorato a Bologna, Roma, Padova e Ferrara, riproponeva un'idea già avanzata nel III secolo a.C. da

Fig. 2. Andreas Cellarius,
Il sistema copernicano con i satelliti di Giove, 1660.

Aristarco di Samo: il Sole è al centro dell'universo, la Terra è uno dei pianeti che gli ruota attorno. Copernico ipotizzò un triplice moto per la Terra: rotazione intorno al proprio asse, rivoluzione attorno al Sole, movimento rispetto al piano dell'eclittica. Poi, non andò oltre. I grandi cambiamenti, soprattutto nella scienza, non si fanno in un giorno. Così, il cosmo di Copernico continuò ancora ad essere fatto di sfere solide e cristalline. E, soprattutto, restò chiuso, segnato da un limite invalicabile. Era infatti delimitato dalla «prima e suprema sfera delle stelle fisse, che contiene se medesima e tutte le cose, che pertanto è immobile ed è il luogo dell'universo al quale si rapportano il moto e la posizione di tutte le altre stelle».

Nonostante ciò, la teoria di Copernico andava irrimediabilmente a colpire una delle certezze più importanti nella storia dell'umanità: la centralità della Terra. È vero, la Terra non rappresentava né il luogo della perfezione né della divinità, ma era pur sempre stata collocata da Dio al centro dell'universo. Sì, perché l'universo era stato creato per l'uomo. E poco importava se gli esseri umani non avevano ricevuto in dono la perfezione. Sicuramente esisteva un buon motivo per questo, la volontà divina non poteva essere messa in discussione.

Una delle persone incaricate di sorvegliare la stampa del *De revolutionibus*, il teologo luterano di nome Andreas Osiander (poi definito da Giordano Bruno come «un asino ignorante e presuntuoso»), intuendo le potenzialità eretiche del libro, introdusse nel testo una prefazione in cui avvertiva i lettori di considerare la teoria di Copernico solo come una ipotesi matematica. La vera costituzione dell'universo continuava ad essere quella descritta da Aristotele. Questo gesto non servì a molto. Le conseguenze rivoluzionarie del copernicanesimo non avrebbero tardato a manifestarsi. Spostando la Terra dal centro dell'universo, non ci volle molto perché si iniziasse a mettere in dubbio la millenaria distinzione, tipica della fisica aristotelica, fra mondo celeste e mondo terrestre. Se la Terra era un pianeta, forse allora anche gli altri corpi celesti che giravano intorno al Sole assomigliavano alla Terra. Forse le sfere cristalline non esistevano. Forse l'universo non era finito. Forse le stelle fisse potevano costituire altrettanti soli simili al nostro, posizionati a distanze estremamente variabili rispetto al nostro pianeta, e circondati a loro volta da sistemi planetari. Forse gli uomini non erano gli unici abitatori intelligenti dell'universo. Giordano Bruno, che si rifaceva alle speculazioni filosofiche di Nicola Cusano (vissuto nel Quattrocento), pensò e cercò di dimostrare che tutto questo era possibile.

Il 17 febbraio 1600, Bruno, ritenuto blasfemo, venne arso vivo in Campo de' Fiori a Roma. L'accusa specifica era di aver negato la trinità e la transustanziazione (sulla quale torneremo nel secondo capitolo), ma certamente anche le sue tesi cosmologiche non avevano messo di buon umore gli apparati ecclesiastici. Il suo principale accusatore, il cardinale Roberto Bellarmino, fu uno dei protagonisti negativi della rivoluzione scientifica e, in seguito, avrebbe fatto passare non pochi guai anche a Galileo Galilei. Tuttavia, c'era una profonda differenza tra il modo di argomentare di Bruno e quello dello scienziato toscano. Infatti, mentre Bruno incarnava ancora, per molti versi, il personaggio di un mago rinascimentale, Galileo avrebbe dato un contributo essenziale alla formazione di una nuova figura, fino ad allora inesistente nella cultura europea: lo scienziato moderno.

Galileo e gli altri protagonisti della rivoluzione scientifica furono pressoché concordi nel denunciare i rischi presenti nella concezione di un sapere che, come quello magico, era per definizione segreto, intuitivo, occulto, profetico, riservato soltanto ad eletti e iniziati. E, in più di un'occasione, evidenziarono i pericoli (fra cui la propensione al fanatismo e all'intolleranza) insiti nell'utilizzazione di discipline ambigue ed oscure, costruite talvolta intenzionalmente per ostacolare la comprensione e proteggere l'accesso alla conoscenza del mondo, come la cabala, l'astrologia, l'alchimia e l'ermetismo. Naturalmente, come tutti gli storici sanno (un po' meno gli scienziati), non sarebbe corretto sostenere che la scienza moderna sia nata in maniera indipendente da queste discipline e dai loro oggetti di studio. Al contrario, i legami fra i due ambiti di ricerca furono notevoli.

La diversità fondamentale fra la scienza e le altre forme di sapere stava nel modo di concepire l'accesso alla conoscenza: riservata soltanto agli eletti e agli iniziati nel caso del sapere magico, disponibile per tutti secondo gli scienziati, che in quel periodo si chiamavano ancora «filosofi naturali» (il termine «scienziato» è di origine ottocentesca).

Gli scienziati si schierarono a favore della diffusione della cultura e di un sapere pubblico, controllabile e verificabile da tutti, perché universale e fondato sul principio dell'uguaglianza delle intelligenze. «Tutti possono conoscere tutto» era lo slogan del grande educatore Jan Amos Komenský (cioè Comenio), il cui pensiero sarà ripreso dalla moderna pedagogia. Per questo motivo, fin dal tempo di Galileo, la diffusione del sapere scientifico ha avuto forti valenze politiche, contribuendo enormemente allo sviluppo delle idee di tolleranza e democrazia, come ci ricorda John Dewey nel suo splendido *Democrazia e educazione*, scritto nel 1915. Naturalmente su questi temi (che non sono l'argomento di questo libro) sono state scritte ormai migliaia di pagine autorevoli ed esaurienti. Ai lettori che vogliano approfondire le questioni legate al rapporto scienza-magia e scienza-democrazia consigliamo di partire da un paio di libri, *Il tempo dei maghi* (2006) di Paolo Rossi, e *Scienza, quindi democrazia* (2011) di Gilberto Corbellini.

Pur rifiutando le modalità di accesso alla conoscenza tipiche del mondo magico, gli scienziati non dimenticarono certo che l'immaginazione e la fantasia costituivano strumenti indispensabili per lo studio e la comprensione della natura.

La prima formazione di Galileo, nato a Pisa il 15 febbraio 1564, fu quasi interamente umanistica e artistica. Il padre, Vincenzo Galilei, fu un famoso teorico musicale, autore dell'importante *Dialogo della musica antica, et della moderna* (1581) e notevole musicista della Camerata dei Bardi. Se stiamo alla testimonianza di Vincenzo Viviani, allievo e primo biografo di Galileo, pare che il figlio suonasse il liuto ancora meglio del padre: «con l'esempio et insegnamento del padre suo, pervenne a tanta eccellenza, che più volte trovossi a gareggiare co' primi professori di que' tempi in Firenze et in Pisa, essendo in tale strumento ricchissimo d'invenzione, e superando nella gentilezza e grazia del toccarlo il medesimo padre; qual soavità di maniera conservò sempre sino alli ultimi giorni». Galileo amava moltissimo i classici e gli autori moderni, fra cui il poeta Francesco Berni, maestro della poesia burlesca e satirica, al quale si ispirò per scrivere alcuni dei suoi componimenti, come il celebre capitolo in terza rima *Contro il portar la toga*, scritto nel periodo dell'insegnamento all'Università di Pisa (1589-92), in polemica con il decreto del Rettore che imponeva ai professori di vestire la toga anche al di fuori delle attività accademiche. Galileo, inoltre, dedicò molto tempo a commentare l'opera del Petrarca, del Tasso e dell'Ariosto, per il quale aveva una particolare predilezione.

Fu proprio grazie al suo amore per la letteratura, la poesia e l'arte che Galileo riuscì a sviluppare quella capacità di immaginazione che poi gli sarebbe stata utilissima per compiere una straordinaria rivoluzione in campo astronomico. Nel capitolo *Contro il portar la toga* si legge (naturalmente non dimenticando che dietro queste parole c'è un doppio senso tipicamente bernesco, vietato ai minori):

> Perché, secondo l'opinion mia,
> a chi vuol una cosa ritrovare,
> bisogna adoperar la fantasia

e giocar d'invenzione e 'ndovinare,
e se tu non puoi ire a dirittura
mill'altre vie ti posson aiutare.

Nonostante ciò, Galileo sapeva distinguere esattamente la fantasia dalla realtà. Come ha ben sottolineato Erwin Panofsky nel suo memorabile studio su Galileo e le arti, lo scienziato toscano amava moltissimo «fate, draghi, ippogrifi e streghe», ma questo non gli ha impedito di essere uno degli inventori della scienza moderna, definendone con precisione regole e metodo di ricerca. In libri come «l'*Iliade* e l'*Orlando Furioso*», scrive Galileo nel *Saggiatore* (1623), uno dei suoi testi dal più alto valore filosofico, «la meno importante cosa è che quello che vi è scritto sia vero». Infatti, «alla poesia sono in maniera necessaria le favole e le finzioni, che senza quelle non può essere». Ma le cose sono completamente diverse nella ricerca scientifica, dove è necessario occuparsi di ciò che realmente esiste. Insomma, detto in termini più attuali, si può tranquillamente leggere *Harry Potter* oppure *Il Signore degli Anelli* e contemporaneamente essere grandi scienziati, non c'è alcuna contraddizione fra le due cose. Uno dei veri problemi, invece, risiede nella continua ed inevitabile specializzazione di tutte le discipline, sia scientifiche che umanistiche, che conduce ad una progressiva chiusura nei confronti degli altri saperi e alla incapacità, sempre più diffusa, di stabilire (come invece era stato in grado di fare Galileo) il corretto ruolo della cultura scientifica e di quella umanistica, ed il giusto rapporto tra rigore logico e speculazione fantastica. Anzi, probabilmente leggendo opere fantastiche si diventa degli scienziati migliori. Non a caso, come amava ripetere uno dei grandi pedagogisti del Novecento, Lev Semënovič Vygotskij, lo sviluppo della capacità creativa è alla base della scienza moderna: «L'immaginazione in genere, è necessaria a pari titolo nell'arte e nella scienza. Se non ci fosse stata questa facoltà l'umanità non avrebbe potuto creare l'astronomia, la geologia, la fisica». L'importante, quando si fa scienza, è attenersi alle evidenze della logica e dell'osservazione sperimentale. Magari, come ben sapeva Galileo, con l'aiuto della tecnica.

Un'altra straordinaria novità che contraddistinse la rivoluzione scientifica va infatti individuata proprio nel connubio tra scienza e tecnica. Fu grazie all'ausilio di un mezzo tecnologico che Galileo riuscì a fornire una serie di prove decisive sulla verità fisica del sistema copernicano. A partire dal 1609 iniziò a diffondersi in tutta Europa uno strumento ottico (inventato in Olanda), che ingrandiva fino a tre volte gli oggetti lontani. Era formato da una lente convessa e una lente concava, montate alle estremità di un tubo lungo poco più di un palmo. Nell'estate di quell'anno, dopo essere venuto in possesso di una copia dello strumento, anche Galileo decise di fabbricarne uno. Successivamente, associando a lenti obiettive convesse poco efficaci delle lenti oculari concave sempre più potenti, lo scienziato toscano riuscì ad aumentare sensibilmente la capacità d'ingrandimento dello strumento, costruendo cannocchiali da otto, venti e, forse, anche trenta ingrandimenti. In un primo tempo, l'invenzione venne proposta all'attenzione delle autorità politiche e militari della Repubblica di Venezia. Tuttavia, contrariamente a ciò che sosteneva la tradizione, Galileo era convinto che i ritrovati della tecnica non dovessero essere utilizzati solo per scopi pratici, o come oggetti di divertimento, ma potessero costituire strumenti di aiuto alla conoscenza scientifica. Questa intuizione rappresenterà uno dei tratti distintivi della nascita della scienza moderna in Europa.

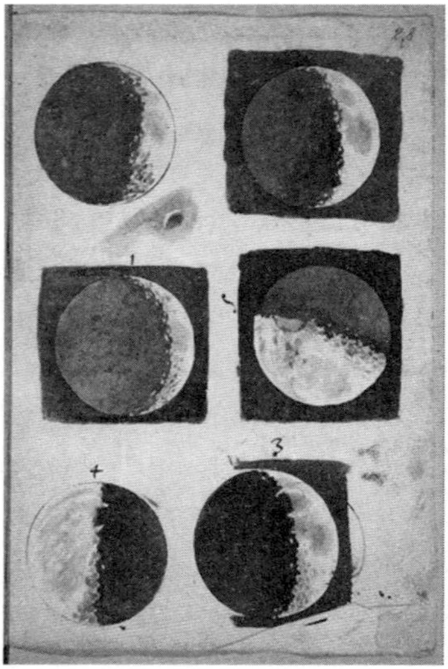

Fig. 3. Galileo Galilei, *Disegni della Luna*, 1609.

Tra l'autunno e l'inverno del 1609, Galileo dette il via ad una sistematica osservazione del cielo. I risultati delle sue ricerche vennero resi pubblici il 13 marzo 1610, quando uscì uno dei testi più importanti della scienza moderna, il *Sidereus Nuncius*, dove furono presentate le scoperte realizzate con il cannocchiale: la morfologia della Luna, simile a quella della Terra, con crateri, valli e montagne, la Via Lattea come ammasso di stelle, l'esistenza dei satelliti di Giove, individuati fra il 7 ed il 13 gennaio (e battezzati con il nome di «Pianeti Medicei») e di stelle invisibili ad occhio nudo, molte di più di quelle che erano state catalogate da Tolomeo. Le osservazioni di Galileo (in seguito ne fece molte altre) confermavano che non esisteva alcuna distinzione fra mondo terrestre e mondo celeste. Il cosmo non sembrava affatto costituito da una sostanza divina e perfetta, come pensava Aristotele, ma risultava in tutto e per tutto formato da una materia simile a quella del globo terrestre. Le cose presenti nel cielo, inoltre, non erano quelle stabilite dalla tradizione. Al contrario, esistevano oggetti naturali di cui gli esseri umani non erano fino ad allora venuti a conoscenza.

Il pittore Ludovico Cigoli, uno dei migliori amici di Galileo, utilizzò l'arte per rendere omaggio alle nuove sensazionali scoperte. Nell'*Assunzione della Vergine*, affrescata nella cupola della cappella in Santa Maria Maggiore a Roma, la cui edificazione era stata avviata da Paolo V nel 1605, raffigurò ai piedi della Vergine la Luna alla stesso modo in cui Galileo l'aveva rappresentata nei celebri disegni del *Sidereus Nuncius*. «Il S. Cigoli s'è portato divinamente nella Cupola della Cappella di S. S.tà a S. Maria Maggiore», scriveva Federico Cesi a Galileo il 23 dicembre 1612, «e come buon amico e leale, ha sotto l'immagine della Beata Vergine, pinto la Luna nel modo da V.S. è stata scoperta, con la divisione merlata e le sue isolette».

Al Sant'Uffizio non piacque molto la piega presa da tutta la faccenda. Così, il 24 febbraio 1616, il sistema copernicano venne condannato. La centralità della Terra nell'universo non poteva essere messa in discussione. Due giorni dopo, Galileo venne «ammonito» dal cardinale Bellarmino, che lo invitò a non sostenere la verità fisica del copernicanesimo. Se voleva divertirsi a presentarlo come una ipotesi, nessun problema. Ma la questione non doveva andare oltre i termini di un bel divertimento, tanto per passare un po' il tempo. La fisica reale era quella di Aristotele: punto e basta. A scanso di equivoci, il 5 marzo venne promulgato un decreto della Congregazione dell'Indice che sospese il *De revolutionibus* di Copernico, fino a quando non fosse stato corretto da un'apposita commissione. Galileo, convinto che alla fine la ragionevolezza avrebbe prevalso, andò avanti con le sue ricerche e nel 1632 pubblicò il *Dialogo sopra i due massimi sistemi del mondo*, il suo immortale capolavoro a sostegno del sistema copernicano. Questa volta la Chiesa cattolica fu meno indulgente e istituì un vero e proprio processo, che prese l'avvio a Roma il 13 aprile del 1633. Seguirono altre due udienze, il 30 aprile ed il 21 giugno. Il 22 giugno venne letta la sentenza di condanna. L'autore del *Dialogo* venne ritenuto «veementemente sospetto di eresia» e giudicato colpevole «d'aver tenuto e creduto dottrina falsa e contraria alle Sacre e divine Scritture». Galilei all'inizio resistette, ma alla fine accettò di «abiurare». Del resto, lo scienziato toscano aveva quasi settant'anni e le sue condizioni di salute non erano molto buone.

Le interferenze della Chiesa cattolica nei confronti della ricerca scientifica avranno importanti ripercussioni sullo sviluppo dello spirito critico, soprattutto in Italia. Galileo, che era profondamente religioso, non riuscì mai ad accettare completamente i motivi del processo a suo carico. Ma le cose si erano messe male fin dal primo momento. Nel 1612 il domenicano Niccolò Lorini, predicatore generale dell'Ordine, aveva sferrato un attacco pubblico contro la teoria della mobilità della Terra. Sul finire del 1613, una conversazione fra Benedetto Castelli (allievo di Galileo) e Cosimo Boscaglia (aristotelico, professore all'Università di Pisa), svoltasi alla presenza del granduca Cosimo II de' Medici e della granduchessa madre Cristina di Lorena, complicò la situazione. Cristina, infatti, chiese spiegazioni su come potesse conciliarsi l'idea della mobilità della Terra con il passo della Bibbia in cui si narra che il Sole si fermò in seguito alla preghiera di Giosuè. Castelli, nella sua replica, non poté non tirare in ballo Galileo, che intervenne nella polemica scrivendo una lettera all'allievo il 21 dicembre di quell'anno. Secondo Galileo, non esisteva alcun contrasto fra natura e sacre scritture. Nei tempi antichi, argomentava lo scienziato toscano, Dio ha parlato agli uomini con un linguaggio non scientifico. Non ha senso tentare di individuare verità naturali nella Bibbia, un testo in cui, in quanto «dettatura dello Spirito Santo», è ovvio invece trovare «molte proposizioni le quali, quanto al nudo senso delle parole, hanno aspetto diverso dal vero». Le parole di Dio, infatti, quando furono pronunciate, dovevano «accomodarsi all'incapacità del vulgo e alla capacità de' popoli rozzi e indisciplinati». Viceversa, soltanto attraverso il vero e autentico linguaggio divino, quello scientifico, era possibile comprendere le leggi e i segreti del creato. La natura, «inesorabile e immutabile», è «osservantissima esecutrice degli ordini di Dio» e «non trasgredisce mai i termini delle leggi impostegli». Per questo motivo, «nelle dispute naturali», la parola della Bibbia doveva «essere riserbata nell'ultimo luogo». Galileo enunciava in questo modo uno dei principi alla base delle società moderne e delle future democrazie, l'autonomia della scienza rispetto alla fede religiosa. Naturalmente la Chiesa cattolica, al tempo di Galileo, non era disposta ad accettare questa autonomia. Per molti versi, non lo è ancora oggi.

Sostenere la validità della teoria copernicana non significò comunque aderire immediatamente a tutte le spregiudicate idee che erano state avanzate, ad esempio, da Giordano Bruno. Numerosi astronomi, pur accettando il copernicanesimo, rifiutarono l'idea dell'infinità dell'universo e del posto marginale del sistema solare nel cosmo. Fra questi troviamo Johannes Kepler, meglio conosciuto come Keplero, noto per aver formulato le celebri leggi sul moto dei pianeti. Le prime due sono contenute nella *Astronomia nova*, pubblicata nel 1609:

1) le orbite dei pianeti sono ellissi di cui il Sole occupa uno dei due fuochi; 2) la velocità orbitale di ciascun pianeta varia in modo tale che una retta congiungente il Sole ed il pianeta percorre, in eguali intervalli di tempo, uguali porzioni di superficie dell'ellisse. La terza legge verrà enunciata dieci anni più tardi negli *Harmonices mundi*: i quadrati dei periodi di rivoluzione dei pianeti sono nello stesso rapporto dei cubi delle rispettive distanze dal Sole. Una cosa che non si rimarcherà mai abbastanza è che il contesto storico in cui vennero formulate queste leggi è ben diverso da quello descritto nei manuali scolastici. Il sistema solare costituiva per Keplero un insieme armonico, le cui proporzioni si accordavano perfettamente con la visione copernicana dell'universo. Keplero, ampiamente influenzato dalla tradizione ermetica e pitagorica, aveva una radicata fiducia nella perfezione della creazione e nell'esistenza di archetipi che esprimono le ragioni più profonde dell'opera di Dio. E l'idea di armonia era strettamente collegata a quella di finitezza. Nel *Mysterium cosmographicum* (1596) Keplero aveva messo in relazione il numero dei pianeti (che per lui erano ormai 6, essendo il Sole una stella e la Luna un satellite) e le dimensioni delle loro orbite con i cinque solidi regolari o «cosmici»: il cubo, il tetraedro, il dodecaedro, l'icosaedro e l'ottaedro. Negli *Harmonices mundi*, progettati fin dalla fine del Cinquecento, Keplero cercò di perfezionare la propria visione dell'universo, attraverso uno stretto parallelo fra astronomia e musica, fra struttura del cosmo e intervalli musicali consonanti.

Più che tra gli astronomi, le idee di Giordano Bruno si diffusero inizialmente tra filosofi e liberi pensatori (ad esempio Fontenelle e Cyrano de Bergerac), nonché tutta una serie di personaggi (a volte stravaganti), che oggi

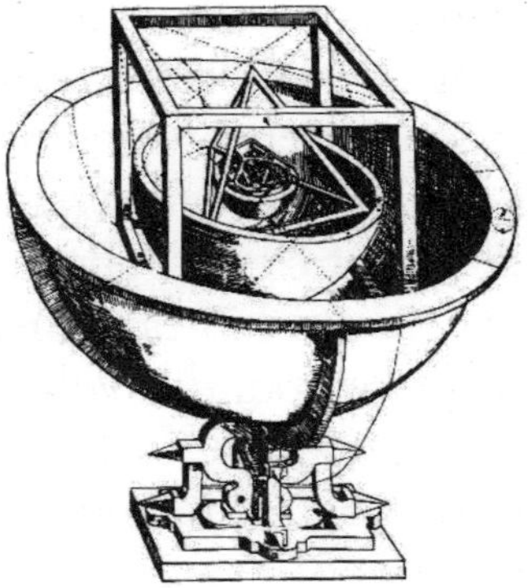

Fig. 4. Johannes Kepler,
Modello di sistema solare, 1596.

potremmo qualificare genericamente sotto la categoria di maghi. Naturalmente, anche i poeti attinsero a piene mani alle nuove fonti di ispirazione derivate dalla diffusione delle novità in campo scientifico. Oggi questo ruolo spetta soprattutto agli scrittori di fantascienza e agli autori di fumetti. I letterati tradizionali sembrano infatti essersi dimenticati del ruolo fondamentale della scienza nella società contemporanea. Fra gli autori più noti c'è sicuramente il poeta inglese John Donne, i cui versi, tratti dalla *Anatomy of the world* del 1611, sono stati innumerevoli volte citati. Però, siccome sono molto belli, non c'è motivo per non leggerli insieme almeno un'altra volta:

> La nuova filosofia richiama tutto in dubbio
> l'elemento Fuoco è spento per intero
> il Sole è perduto e la Terra; e in nessun uomo
> la mente gli insegna più dove cercarla.
> Spontaneamente gli uomini confessano
> che è consumato questo mondo,

quando nei pianeti e nel firmamento
cercano in tanti il nuovo. E vedono che il mondo
è sbriciolato ancora nei suoi atomi.

Nei versi di John Donne la comprensione (accompagnata dallo sgomento) di essere in presenza di un mutamento epocale nella storia dell'umanità è evidente. Verso la fine del Seicento, l'idea che l'universo non fosse chiuso, ma infinito, era ormai entrata a far parte anche delle convinzioni degli astronomi. E progressivamente divenne chiaro che i movimenti terrestri sottostavano alle stesse regole e agli stessi principi di quelli extraterrestri. Nel 1687, nel testo di fondazione della fisica classica, i *Philosophiae naturalis principia mathematica* (*Principi matematici della filosofia naturale*), Isaac Newton descrisse per la prima volta la legge matematica che univa, definitivamente, la fisica terrestre a quella celeste. Secondo Newton, esisteva una forza d'attrazione, direttamente proporzionale al prodotto delle masse e inversamente proporzionale al quadrato della distanza, che appariva contemporaneamente responsabile della caduta dei corpi verso il suolo terrestre e delle orbite attorno alle quali si muovevano gli astri. Era la teoria della gravitazione universale.

Le dimensioni dell'universo aumentarono enormemente. Secondo le fonti cui poteva attingere Dante Alighieri, la distanza fra la Terra e il Sole era stimabile in poco più di 6 milioni di chilometri, mentre si calcolava che le stelle fisse fossero lontane all'incirca 105 milioni. Certo, distanze non disprezzabili, ma infinitamente modeste rispetto a quelle che gli astronomi avrebbero determinato successivamente. Ad esempio, Gian Domenico Cassini e John Flamsteed, famosissimi astronomi, ipotizzarono che la distanza media Terra-Sole fosse di 130-140 milioni di chilometri (un valore quasi esatto, visto che la determinazione attuale indica circa 150 milioni), mentre Newton stabilì che le stelle di prima grandezza fossero diecimila volte lontane più di Saturno, cioè distanti dalla Terra 130.000 miliardi di chilometri. Ogni paragone con l'universo aristotelico diventava improponibile. Le stelle fisse costituivano ormai una infinità di globi incandescenti, simili al Sole, sparsi nell'universo, a distanze certamente diverse rispetto al nostro pianeta. Non esisteva alcuna sfera celeste fatta di stelle fisse, né l'universo era chiuso e finito. Lo spazio si presentava come un abisso sconfinato e senza fondo, tremendo e meraviglioso.

Immanuel Kant, nella *Allgemeine Naturgeschichte und Theorie des Himmels* (*Storia universale della natura e Teoria del cielo*), del 1755, uno dei suoi primi scritti scientifici, descrisse con parole degne di un poeta la nuova immagine dell'universo con cui l'umanità avrebbe dovuto confrontarsi: «Se la grandezza di un sistema planetario, in cui la Terra non è che un granello di sabbia, colma l'intelletto di meraviglia, con quale stupore esso rimarrà allora incantato di fronte alla moltitudine di mondi e sistemi che formano l'insieme della Via Lattea. E come andrà crescendo tale stupore nel constatare che tutti questi smisurati sistemi di stelle costituiscono a loro volta soltanto l'unità di un numero altissimo, di cui non conosciamo l'entità né i limiti, e che è, a sua volta, l'entità di una nuova combinazione di numeri. Scorgiamo appena i primi elementi di una relazione progressiva di mondi e sistemi, e già la prima parte di questa progressione infinita ci fa riconoscere ciò che dobbiamo presumere dell'insieme. Qui non si incontra alcun limite, ma solo un abisso di una vera infinità in cui naufragano le capacità di comprensione umane, anche se tentano di salvarsi aggrappandosi alla scienza dei numeri».

Poco più di cento anni prima, non solo l'uomo comune, ma anche i dotti e gli scienziati ritenevano che la Terra e i suoi abitanti fossero al centro dell'universo. Ora l'umanità era costretta a rivedere le sue categorie mentali, filosofiche e religiose, doveva comprendere il nuovo posto, sia fisico che morale, da lei occupato in un cosmo infinito. E mentre l'universo si allargava a dismisura, altri corpi celesti, di cui l'uomo non aveva mai sospettato l'esistenza, venivano scoperti. Grande scalpore suscitò, in particolare, l'individuazione di un nuovo pianeta. Infatti, nonostante gli straordinari cambiamenti sopraggiunti in ambito astronomico, si riteneva che il confine del sistema solare fosse delimitato dall'orbita di Saturno. Ma il 13 marzo 1781 William Herschel, uno dei grandissimi nella storia dell'astronomia, mise a fuoco, grazie all'uso di telescopi sempre più sofistici e potenti (che si costruiva da solo), un nuovo oggetto celeste, che ben presto si comprese essere un pianeta orbitante intorno al Sole. Il pianeta fu inizialmente chiamato *Georgium Sidus*, in onore del re d'Inghilterra Giorgio III, ma poi assunse la denominazione attuale, Urano. Due anni dopo Herschel individuò anche due satelliti di Urano (Oberon e Titania), nonché il sesto e il settimo dei satelliti di Saturno (Enceladus e Mimas). Era l'inizio di una incredibile serie di meravigliose scoperte che avrebbero rivelato l'esistenza nel cosmo di sempre nuovi, fantastici e impensabili oggetti. Herschel, che di formazione era un musicista (suonava l'oboe nel reggimento dell'esercito dello Hannover, che fu sconfitto dai francesi il 26 luglio del 1757, motivo per il quale si rifugiò in Inghilterra con il fratello maggiore), fu uno dei più brillanti protagonisti di questa impresa, da lui definita la «costruzione dei cieli». Per primo definì la struttura appiattita della Via Lattea, cioè della nostra galassia. Fornì inoltre un contributo decisivo alla conoscenza delle «nebulose», il nome che a quel tempo veniva utilizzato per definire tutti gli oggetti di aspetto indistinto progressivamente scoperti fra le stelle. Grazie alle sue osservazioni, il numero delle nebulose individuate passò in breve tempo da 103 a 2500. Come Kant, Herschel pensava che la maggior parte delle nebulose fossero galassie esterne alla nostra. Ma per la dimostrazione effettiva di questa ipotesi sarà necessario attendere i primi decenni del Novecento.

Un articolo pubblicato nel luglio del 2011 su «Le Scienze», la più autorevole rivista di divulgazione scientifica italiana, dal titolo *Le galassie perdute*, viene presentato in questo modo: «Secondo le stime più recenti, l'universo osservabile contiene 200 miliardi di galassie. Gli astronomi si chiedono perché siano così poche». No, non si tratta di un errore di stampa, avete letto bene: c'è scritto «così poche». L'autore dell'articolo, James E. Geach, ricercatore alla McGill University di Montreal, inizia così il suo pezzo: «Sono sempre stato stupito e affascinato dallo straordinario numero di galassie, numerose come granelli di sabbia nel cielo notturno. L'immagine ottica di più elevata sensibilità mai realizzata dell'uomo, l'Hubble Ultra Deep Field, mostra circa 10.000 galassie in un'area pari a un centesimo della superficie della Luna piena. Estrapolata alla scala dell'intero cielo, questa densità implica che esistano in totale circa 200 miliardi di galassie. Ma in questo calcolo rientrano solo quelle più luminose; il numero reale è probabilmente molto maggiore». Benissimo, grazie dell'informazione. In effetti 200 miliardi di galassie non sembravano poi così tante. Sulla base di questi numeri, la vita extraterrestre non rappresenta più un'ipotesi, ma diventa una certezza, ben oltre le aspettative di Giordano Bruno o Cyrano de Bergerac. «Quando passiamo a fare i conti», ha scritto Carl Sagan, eccellente astronomo ed eccezionale divulgatore scientifico, solo in riferimento alla nostra galassia «arriviamo generalmente a risultati che sono nell'ordine di un milione di civiltà tecniche». Naturalmente, nonostante questo numero spropositato, non è detto che l'incontro con altre civiltà possa essere così facile: «Un milione di civiltà è un numero enorme, da mozzare il fiato, ed è entusiasmante immaginare la varietà, gli stili di vita, e i rapporti esistenti fra questo milione di mondi. Ma la galassia contiene circa 250 miliardi di stelle e, anche ammesso che esistano un milione di civiltà, meno di una stella su 200.000 avrebbe un pianeta abitato da una civiltà avanzata». La ricerca, quindi, non è affatto semplice. Chissà, forse un giorno saranno gli extraterrestri a trovare noi (magari lo hanno già fatto).

L'idea che l'uomo non fosse al centro del progetto della creazione divina procurò a molti studiosi e intellettuali parecchie notti insonni, mettendo in crisi la più grande manifestazione di superbia dell'uomo, il suo antropocentrismo: la convinzione di essere al centro di tutte le cose. Una superbia che sarà magistralmente ridicolizzata, qualche decennio dopo le scoperte di Herschel, da Giacomo Leopardi in una delle più celebri *Operette Morali*, intitolata, non certo casualmente, *Il Copernico*. In questo scritto emerge chiaramente, come ha sottolineato Enrico Bellone in uno dei migliori commenti all'opera di Leopardi, «la disparità tragica tra il piccolo uomo copernicano, che ha perduto le illusioni d'essere significato e metro del cosmo, e la sterminata estensione ed enigmaticità delle travature grandi e piccole dell'universo, inteso come esterno e impassibile

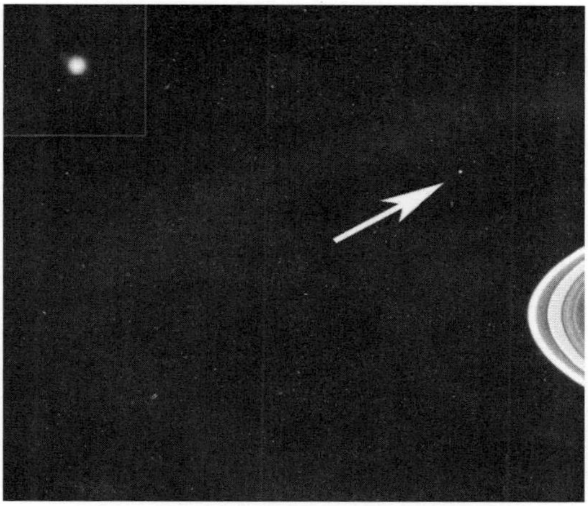

Fig. 5. Saturno fotografato dalla Sonda Cassini,
15 settembre 2006, particolare.
La freccia indica un puntino corrispondente alla Terra.

rispetto ai nostri desideri, immutabile rispetto al potere dei principi e indifferente di fronte alle nostre paure della morte o alla 'vanità dei discorsi popolari', che tanto più sono 'leggeri e stolti', quanto più sono condivisi da moltissimi uomini». Soltanto il Sole, che può guardare da lontano la Terra – scrive Leopardi – ha l'esatta percezione del significato delle cose: «Perché, sai che è? Io sono stanco di questo continuo andare attorno per far lume a quattro animaluzzi, che vivono su un pugno di fango, tanto piccino, che io, che ho buona vista, non lo arrivo a vedere».

Il 15 settembre 2006 la sonda Cassini, in orbita attorno a Saturno, ha trasmesso una foto che mostra la Terra vista dal pianeta con gli anelli. Si tratta dell'immagine del nostro mondo ripresa alla più grande distanza mai realizzata, oltre un miliardo di chilometri. Sì, proprio un pianeta «tanto piccino».

Capitolo 2

Gli elementi della materia

La rivoluzione in campo astronomico e fisico portata avanti da Galileo Galilei e numerosi altri scienziati aveva messo in evidenza come non esistesse alcuna differenza tra la materia terrestre e la materia celeste. Però, a questo punto, restava aperto un problema di non facile risoluzione: la struttura della materia poteva continuare ad essere compresa utilizzando la teoria di Aristotele? La risposta fu negativa.

Nel corso dell'età moderna si diffuse progressivamente l'idea che le cose non fossero così come apparivano ai comuni sensi degli uomini; un principio, questo, valido sia per l'osservazione astronomica come per quella microscopica. Opponendosi alla teoria dei quattro elementi, che prevedeva l'esistenza di specifiche qualità per determinare le caratteristiche sensibili dei corpi, i protagonisti della rivoluzione scientifica, pur nella diversità delle loro concezioni, credettero nell'esistenza di particelle dotate di proprietà radicalmente diverse rispetto a quelle dei corpi macroscopici. La riscoperta dell'opera di Lucrezio, nel Quattrocento, rappresentò un punto di svolta per l'attività degli studiosi che, a partire dal secolo successivo, iniziarono a riproporre spiegazioni dei fenomeni naturali basate sull'azione invisibile degli atomi.

La convinzione che la materia potesse essere di natura corpuscolare si affermò con decisione nel Seicento. Tale convinzione fu accompagnata da un principio fondamentale: la distinzione fra qualità oggettive e qualità soggettive dei corpi. Questa nuova concezione della materia è esemplificata – ancora una volta – da Galileo ne *Il Saggiatore*: «Per lo che vo io pensando che questi sapori, odori, colori, etc., per la parte del suggetto nel quale ci par che riseggano, non sieno altro che puri nomi, ma tengano solamente lor residenza nel corpo sensitivo, sì che rimosso l'animale, sieno levate ed annichilate tutte queste qualità; tuttavolta però che noi, sì come gli abbiamo imposti nomi particolari e differenti da quelli de gli altri primi e reali accidenti, volessimo credere ch'esse ancora fussero veramente e realmente da quelli diverse». Le qualità soggettive (o secondarie) erano dunque rappresentate dai colori, i suoni, i sapori, gli odori. Le qualità oggettive (o primarie), invece, avevano a che fare con una realtà totalmente diversa, inaccessibile agli organi di senso, e costituivano le proprietà fondamentali della materia; tali qualità erano la dimensione, la forma e lo stato di movimento delle particelle prime, in sostanza gli atomi.

A differenza degli atomisti dell'antichità, i filosofi e gli scienziati del Seicento non erano tuttavia convinti che il mondo fosse il risultato della combinazione casuale delle particelle. Pierre Gassendi, ad esempio, pose l'atomismo a fondamento di un sistema finalistico, cercando di conciliarlo con la dottrina cristiana. Per Gassendi gli atomi non erano eterni, ma risultavano generati direttamente da Dio, che aveva stabilito le leggi che presiedevano alle loro combinazioni. Quest'idea fu sostenuta anche da Robert Boyle, scienziato di altissimo livello e membro (come del resto Newton) della Royal Society, una delle prime accademie scientifiche europee: «Quando parlo della filosofia corpuscolare o meccanica sono lontano dall'intendere con gli Epicurei, che gli atomi, incontrandosi insieme per caso in un vuoto infinito, siano capaci da se stessi di produrre il mondo e i suoi fenomeni».

Il dibattito sul vuoto rappresentò uno dei momenti centrali delle discussioni sulla costituzione della materia. E proprio dalla dimostrazione sperimentale dell'esistenza del vuoto giunse un'importante prova a favore dell'ipotesi atomica. Sviluppando le concezioni di Aristotele, alcuni autori medievali avevano elaborato una teoria molto particolare: l'*horror vacui*. La natura, che aveva ripugnanza per il vuoto, cercava in ogni modo di impedire che esso potesse prodursi. Nella primavera del 1644, Evangelista Torricelli, che era rimasto accanto a Galileo nei suoi ultimi mesi di vita, effettuò un esperimento destinato a demolire questa teoria. Torricelli riempì di mercurio un tubo di vetro aperto ad una delle estremità. Poi, tenendo serrata con un dito l'estremità aperta, rovesciò il tubo in una bacinella contenente anch'essa mercurio. Osservò allora che la colonna di mercurio scendeva solo parzialmente, fermandosi ad un'altezza di circa 76 cm. In questo modo Torricelli si convinse che lo spazio lasciato libero dalla discesa del mercurio nel tubo fosse vuoto e che il sostentamento della colonna di mercurio dipendesse dalla pressione che l'aria esercitava sul mercurio nella bacinella. L'esperimento, che avrebbe condotto alla costruzione dei primi barometri, sarebbe in seguito stato confermato da Blaise Pascal (il quale, come si può facilmente capire, non fu solo un filosofo), dai membri della celebre Accademia del Cimento, a Firenze, e dal già citato Robert Boyle.

Nonostante tutte le cautele utilizzate, parlare di atomi diventò nel Seicento un'attività molto pericolosa, in modo particolare nei paesi cattolici. Le autorità ecclesiastiche di Roma erano preoccupate dal fatto che, a causa dell'atomismo, non fosse più possibile spiegare, da un punto di vista razionale e scientifico, il fenomeno della «transustanziazione»: la presenza reale di Cristo nel sacramento dell'eucarestia, attraverso il passaggio totale della sostanza del pane e del vino in quella del corpo e del sangue di Gesù, in virtù delle parole della consacrazione, pronunciate dal sacerdote durante la Messa. Secondo la formula adottata durante il Concilio di Trento, la transustanziazione era «la conversione singolare e mirabile di tutta la sostanza del pane nel corpo e di tutta la sostanza del vino nel sangue di Cristo, rimanendo immutate solamente le apparenze esterne». Detto in altri termini, mentre il pane ed il vino continuavano ad apparire come tali anche dopo la consacrazione, mantenendo la loro forma accidentale (accidente è in Aristotele il termine che designa i caratteri non necessari di un essere, che non appartengono alla sua essenza), la loro forma sostanziale mutava nel corpo e nel sangue di Cristo. Secondo i principi della filosofia corpuscolare, al contrario, ad un mutamento delle qualità primarie doveva necessariamente corrispondere anche un mutamento delle qualità secondarie. Nell'agosto del 1632 l'insegnamento della dottrina atomistica venne proibito nei collegi e nelle scuole dell'ordine dei Gesuiti (se si presta un occhio alla data, si vede che non siamo lontani dal processo a Galileo). Per questo motivo, molti scienziati e filosofi ritennero di dover adottare una posizione più sfumata nei confronti dell'atomismo. E nei laboratori chimici, la visione della materia più diffusa continuò ad essere quella basata non solo sui quattro elementi di Aristotele, ma anche sulle teorie provenienti dal vasto e complesso mondo dell'alchimia.

L'alchimia, una forma di sapere molto antica, che ha caratterizzato la storia di numerose civiltà, da quelle mediterranee a quelle indiane e cinesi, è sempre stata contraddistinta da una duplice valenza, materiale e spirituale; da una parte ha ricoperto il ruolo di attività concreta volta al miglioramento delle tecniche relative alla preparazione delle sostanze, dall'altra è stata concepita come un mezzo capace di condurre l'essere umano alla rigenerazione e alla salvezza. Tale duplicità è rappresentata in maniera emblematica dalla ricerca della pietra filosofale, una presunta sostanza dotata del potere di trasformare i metalli vili (piombo, stagno, rame, ferro e mercurio) in metalli preziosi (oro e argento), ma capace anche di donare all'uomo l'immortalità. Per questo motivo, la pietra filosofale è stata talvolta conosciuta come elisir di lunga vita. L'alchimia raggiunse uno straordinario sviluppo durante l'età ellenistica, presso la cultura bizantina e, soprattutto, nel mondo arabo, tramite il quale penetrò in Europa nel corso del Medioevo. All'inizio del Cinquecento, l'alchimia conobbe un momento di grande diffusione grazie a Philipp Theophrast Bombast von Hohenheim, meglio conosciuto con il nome di Paracelso, che concepì lo studio della materia in stretta connessione con il sapere medico e la preparazione di rimedi farmaceutici. I principi base cui faceva riferimento erano lo zolfo, il sale e il mercurio, definiti anche «tria prima». Così facendo Paracelso assicurò all'alchimia un indubbio successo anche a livello accademico, consentendo la diffusione della disciplina nelle università. A metà del Settecento a Parigi, Guillaume-François Rouelle, i cui corsi furono seguiti da numerosi e celebri personaggi, trattava ancora della pietra filosofale e della teoria dei quattro elementi. Quando si parla di «trionfo del meccanicismo», con l'avvento della rivoluzione scientifica, bisogna stare ben attenti a cosa ci stiamo riferendo.

La chimica moderna (cioè la chimica come la conosciamo oggi) deve la sua origine all'opera dello scienziato francese Antoine-Laurent Lavoisier. Il ruolo di Lavoisier nella storia della scienza è paragonabile a quello di Galileo e Darwin. Egli fu il primo, infatti, a rendersi conto che la materia andava 'guardata' in maniera diversa rispetto a quanto tradizionalmente era sempre stato insegnato e accettato. Fino a Lavoisier, il concetto di elemento come sostanza non ulteriormente scomponibile, più che costituire un'acquisizione di laboratorio, si configurava come un assioma stabilito 'a priori'. Gli elementi di Aristotele, oppure i «tria prima» di Paracelso, erano considerati come punto di partenza e di arrivo di qualsiasi ricerca. Lavoisier, invece, riformulò il concetto di elemento ispirandosi ai criteri metodologici della filosofia dell'Illuminismo, che imponevano l'uso dell'esperienza e del metodo analitico nell'ambito delle scienze sperimentali. Mentre i principi della tradizione avevano un carattere definitivo, gli elementi di Lavoisier possedevano un carattere del tutto provvisorio: «Ciò che si può dire sul numero e sulla natura degli elementi si limita secondo me a discussioni puramente metafisiche: si tratta di problemi indeterminati, che ci si propone di risolvere, che sono suscettibili di una infinità di soluzioni, ma delle quali è probabile che nessuna vada d'accordo con la natura». La ricerca chimica, dunque, non poteva basarsi sulle teorie di Aristotele o Paracelso, ma doveva riferirsi esclusivamente ai prodotti finali delle analisi sperimentali effettuate in laboratorio. Soltanto individuando in maniera empirica gli elementi, la chimica avrebbe potuto sperare di trasformarsi in scienza. Fu così che nel *Traité élémentaire de chimie*, edito a Parigi nel 1789, non molto tempo prima dello scoppio della Rivoluzione francese (Lavoisier sarebbe poi stato ghigliottinato l'8 maggio 1794) venne pubblicata una «Tavola delle sostanze semplici» le quali, designate secondo un nuovo linguaggio, venivano presentate come il risultato di operazioni di laboratorio puramente analitiche. Se ne contavano 33: «luce, calorico, ossigeno, azoto, zolfo, fosforo, carbonio, radicale muriatico, radicale fluorico, radicale boracico, antimonio, arsenico, argento, bismuto, cobalto, rame, stagno, ferro, manganese, mercurio, molibdeno, nichel, oro, platino, piombo, tungsteno, zinco, calce, magnesia, barite, allumina, silice». Come si può capire facilmente da questo elenco, la tavola di Lavoisier era destinata a subire numerose modifiche nel corso del tempo.

Lavoisier aveva correttamente ipotizzato che gli elementi semplici da lui stabiliti avrebbero potuto cessare di essere tali, oppure aumentare, in base ai progressi delle analisi chimiche. I progressi della ricerca, in effetti, sembrarono andare verso quest'ultima direzione. Solo tra il 1800 ed il 1812 non meno di 15 elementi si aggiunsero all'elenco di quelli già conosciuti. Grazie all'opera di Lavoisier, inoltre, la chimica riuscì a compiere un rapido progresso, che portò all'enunciazione di importanti generalizzazioni relative alle combinazioni delle sostanze, come ad esempio la legge delle proporzioni definite e la legge delle proporzioni multiple, quest'ultima formulata dallo scienziato inglese John Dalton. Gli studi di Dalton presero l'avvio da una serie

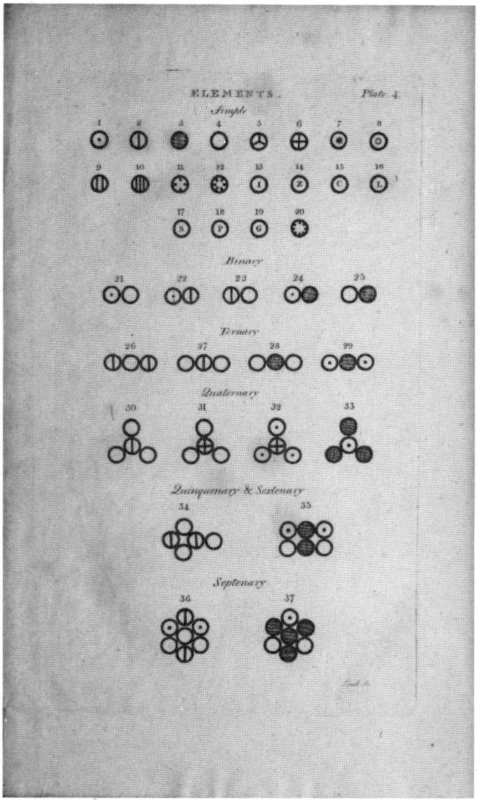

Fig. 6. John Dalton,
Tavola dei pesi atomici, 1808.

di ricerche meteorologiche sulla composizione dell'atmosfera. Dalton ipotizzò che le particelle di un gas, respingendosi fra di loro, avessero la possibilità di diffondersi liberamente fra quelle di altre sostanze volatili – andando così a formare una massa omogenea – ma non interagissero con particelle di tipo diverso. I gas restavano entità indipendenti e mostravano, considerando volumi uguali ed identiche condizioni di temperatura e pressione, densità estremamente differenziate e diversi gradi di solubilità. Questi fenomeni potevano essere spiegati soltanto presupponendo che i diversi gas esistenti in natura fossero costituiti da particelle di grandezza diversa. Dalton era sicuro di poter esprimere misure quantitative che si riferissero agli atomi indivisibili della materia e ritenne che la cosa più semplice fosse pensare ogni nuovo elemento lavoisieriano come caratterizzato da uno specifico atomo.

Tutto risolto? Finalmente, dopo secoli di ostracismo, l'atomismo tornava ad essere la teoria di riferimento per la comunità scientifica? Niente affatto. Nonostante quello che possiamo trovare scritto nella maggior parte dei manuali di chimica per la scuola superiore e anche per l'università, la strada per l'affermazione dell'atomismo era ancora lunga. Nel corso dell'Ottocento, si fronteggiarono molte teorie alternative volte a spiegare la costituzione ultima della materia. Per questo motivo, la formulazione della celebre ipotesi «volumi uguali di gas, nelle stesse condizioni di temperatura e pressione, contengono lo stesso numero di particelle», proposta nel 1811 dal fisico torinese Amedeo Avogadro (che è alla base della teoria atomica moderna), suscitò un intenso dibattito e non venne condivisa da tutti. Se guardiamo alla storia, e non ai manuali, ci accorgiamo che parlare di atomi, nel corso dell'Ottocento, era ancora una cosa molto difficile e complessa. E per quanto possa apparire paradossale, gli scienziati cominciarono a credere definitivamente all'esistenza degli atomi unicamente quando compresero che 'l'atomo non era un atomo', cioè quando si determinò che al suo interno erano presenti particelle ancora più piccole, gli elettroni (scoperti nel 1897 dal fisico e matematico inglese Joseph Thomson).

In ogni caso, a partire dalla rivoluzione astronomica del Seicento, la scienza stava dimostrando, in ogni settore della ricerca, che le nozioni del senso comune non corrispondevano alla effettiva realtà delle cose. In primo luogo, era stata smontata l'idea che il pianeta sul quale stabilmente poggiamo i nostri piedi e costruiamo i nostri edifici non potesse avere alcun movimento. Se la Terra si muove, controbattevano ingenuamente i filosofi aristotelici a Galileo, perché uomini, animali, case e alberi non vengono spazzati via? Poi era toccato alle impressioni provenienti dai cinque sensi. Fra questi, come aveva dimostrato Galileo nel *Saggiatore*, «l'insieme di quelle qualità che distinguiamo nella percezione sensibile, cioè colore, suono, odore e qualità analoghe». Da allora questo processo non si è fermato. «Se una teoria ancora più profonda prenderà il posto della meccanica quantistica», ha scritto Vlatko Vedral, docente di fisica all'Università di Oxford e alla National University di Singapore, «produrrà un'immagine del mondo ancora più controintuitiva di quanto abbiamo visto fino a oggi».

Non è comunque necessario concentrarsi adesso sulle intricate vicende della chimica e della fisica novecentesche, e sugli enormi problemi scientifici e filosofici generati, ad esempio, dalla teoria della relatività (in relazione al rapporto tra materia e energia, e alle categorie di spazio e di tempo) e dall'avvento della meccanica quantistica. Come ho scritto nell'introduzione, abbiamo ben altri problemi, dato che al momento non siamo del tutto sicuri di aver abbandonato, nella vita di tutti i giorni, una visione 'biblica' del mondo che ci circonda. Siamo davvero certi che l'espressione 'il Sole sorge', dettata dal senso comune, rappresenti ormai una consolidata convenzione? All'inizio degli anni Trenta del Novecento, Alfred North Whitehead non la pensava così: «Questa nozione di senso comune regna ancora sovrana nella vita di ogni giorno dell'umanità. Domina i mercati, i cortili, i tribunali, e in effetti l'intera relazione sociale dell'umanità. Spadroneggia in letteratura e in tutte le scienze umanistiche». Possiamo affermare, senza timore di essere smentiti, che oggi le cose sono cambiate?

In mancanza di una risposta positiva, sarà meglio tornare a concentrarsi sulla nostra storia. Prima di passare al prossimo capitolo, infatti, manca ancora un piccolo tassello: la spettroscopia.

Grazie ad una serie di celebri esperimenti, che trasformarono le idee tradizionali intorno alla natura della luce e dei colori, ritenuti sino ad allora modificazioni accidentali della luce bianca, Newton aveva dimostrato come la luce bianca non dovesse essere più considerata come una sostanza elementare, ma eterogenea, scomponendo mediante un prisma la luce solare nei colori dello spettro. All'inizio dell'Ottocento William Hyde Wollaston osservò delle righe oscure nello spettro solare. L'osservazione venne ripetuta qualche anno dopo da Joseph Fraunhofer: lo spettro continuo del Sole era interrotto da centinaia di righe scure, che non sembravano provocate dallo strumento utilizzato per osservarle, ma dipendevano esclusivamente dalla luce solare. Si notò, quindi, che una delle righe scure coincideva con una riga gialla emessa da una fiamma contenente sodio. Nel 1859 Gustav Robert Kirchhoff e Robert Bunsen, con una serie di fondamentali esperienze di laboratorio, chiarirono la natura delle righe spettrali, giungendo, come ha illustrato Jean-Pierre Verdet, all'enunciazione delle leggi semplici dell'emissione e dell'assorbimento della luce a opera di corpi incandescenti: «1) un solido, un liquido o un gas soggetti a una forte pressione emettono un'irradiazione continua: la decomposizione della luce emessa dà i colori dell'iride; 2) un gas incandescente sottoposto a una debole pressione emette una radiazione continua alla quale si sovrappongono righe brillanti più o meno fini: le lunghezze d'onda di queste righe sono specifiche degli elementi chimici del gas incandescente; 3) quando si osserva una sorgente luminosa a irradiazione continua attraverso un gas freddo soggetto a una pressione debole, sullo spettro continuo della sorgente appaiono righe scure con le stesse lunghezze d'onda delle righe di emissione prodotte da questo gas assorbente quando viene portato all'incandescenza».

Dal momento che non solo gli elementi terrestri e il Sole, ma anche le stelle, i pianeti e gli altri oggetti celesti producevano tali righe, la spettroscopia fu in grado di avviare l'analisi chimica dello spazio. Infatti, isolando e identificando le righe brillanti o scure degli spettri degli oggetti cosmici era possibile determinare la loro composizione chimica, mentre confrontando l'intensità delle diverse righe si riusciva a determinare la quantità dei diversi elementi presenti. Per secoli Aristotele aveva spiegato agli uomini che la materia terrestre era composta da aria, fuoco, acqua e terra, mentre quella celeste era costituita da una quintessenza sublime e cristallina. Dopo Galileo, si era compreso che non esisteva alcuna differenza tra materia terrestre e materia celeste, ma non esisteva un accordo per definirne l'esatta composizione. La nuova teoria di Lavoisier unita alla spettroscopia consentiva ora questa possibilità. Gli elementi chimici presenti sulla Terra erano quelli diffusi, seppur in proporzioni diverse, in tutto l'universo. Ma le sorprese non erano finite. Gli scienziati iniziarono ad accorgersi, infatti, che le osservazioni spettroscopiche consentivano anche di misurare con precisione la velocità del movimento non solo delle stelle, ma anche delle galassie. Nel 1929 Edwin Hubble dimostrò che le galassie si stavano allontanando tra loro. In quegli anni, alcuni ricercatori avevano già proposto l'ipotesi che l'universo non fosse statico, ma in espansione, a partire da uno stato iniziale, poi definito ironicamente con il nome di *Big Bang* da Fred Hoyle, il quale era invece convinto che l'universo fosse stazionario. Nel corso degli anni sempre maggiori evidenze sperimentali hanno trasformato quell'espressione ironica in un'ipotesi molto seria e convincente.

Lo sviluppo della spettroscopia fu determinante anche per la conoscenza di tutte quelle sostanze che sarebbero andate a comporre, di lì a poco, la Tavola periodica degli elementi, la cui prima versione fu messa a punto nel 1869 da Dmitrij Ivanovič Mendeleev. Lo scienziato russo di origine siberiana, che tanto amava Kant e la filosofia dell'Illuminismo, era ben consapevole della portata filosofica del suo lavoro, essenziale punto di passaggio tra il cielo e la terra, tra la scienza e l'etica. Per questo egli potrà orgogliosamente affermare di fronte ai membri della Chemical Society nel teatro della Royal Institution a Londra, il 4 giugno 1889: «Nel connettere con nuovi legami la teoria degli elementi chimici alla teoria delle proporzioni multiple di Dalton, cioè alla struttura atomica dei corpi, la legge periodica ha aperto alla filosofia naturale un nuovo e vasto campo di speculazione. Secondo Kant vi sono al mondo 'due cose che non cessano mai di suscitare l'ammirazione e la riverenza dell'uomo: la legge morale che è dentro di noi, e il cielo stellato che è sopra di noi'. Ma quando rivolgiamo i nostri pensieri alla natura degli elementi e alla legge periodica, dobbiamo aggiungere un terzo oggetto di ammirazione, cioè 'la natura degli individui elementari che scopriamo ovunque intorno a noi'. Senza di essi lo stesso cielo stellato sarebbe inconcepibile; e negli atomi vediamo contemporaneamente le loro individualità peculiari, l'infinita molteplicità degli individui, e la sottomissione della loro apparente libertà alla generale armonia della Natura».

Nel frattempo, altre tavole e altre mappe del pianeta Terra erano state descritte e rappresentate in maniera sempre più esatta, quelle geografiche.

Capitolo 3

Gli spazi della geografia

Nel Medioevo, le mappe del mondo (*mappae mundi*) che ebbero maggior successo e influenza consistevano in una particolare forma di carta geografica, il cosiddetto *ecumène circolare*. Gli ecumèni (la parola, derivata dal greco, significa più o meno 'la parte di terra emersa dove l'uomo può abitare') non erano semplicemente delle carte geografiche, ma costituivano l'espressione della mentalità del tempo, delineata attraverso una precisa simbologia che, in primo luogo, aveva caratteristiche di tipo religioso. Le carte andavano lette posizionando l'oriente verso l'alto, sovente indicato con l'immagine di Cristo o del paradiso terrestre. Il centro del mondo era rappresentato da Gerusalemme, mentre le masse continentali dell'Europa, dell'Asia e dell'Africa avevano estensioni non troppo diverse fra loro. Le mappe variavano in grandezza e complessità di dettagli. Graficamente, si trattava di una T inscritta in una O. Nella parte superiore (sopra il tratto orizzontale della T) veniva collocata l'Asia; a sinistra del tratto verticale della T, si trovava l'Europa, a destra l'Africa (naturalmente molto più tozza e piccola dell'attuale). La O

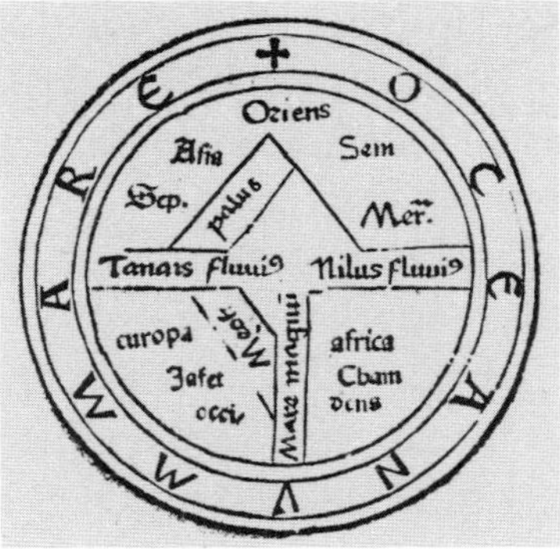

Fig. 7. *Mappa Orbis Terrae*,
detta anche *Mappa T-O.*

era il grande oceano che circondava il mondo; il tratto orizzontale della T, a sinistra rispetto al tratto verticale, rappresentava il Don, quello a destra, il Nilo. Il tratto verticale della T indicava il Mediterraneo. La T poteva anche essere intesa come il simbolo della croce.

A partire dalla metà del Trecento, vennero effettuate, soprattutto per merito dei Portoghesi, le prime importanti esplorazioni degli arcipelaghi atlantici delle Canarie, di Madera e delle Azzorre, già noti nell'antichità come Isole dei Beati e Isole Fortunate. Nei primi decenni del Quattrocento, i Portoghesi iniziarono ad esplorare anche la costa occidentale dell'Africa, raggiungendo le isole di Capo Verde e le foci del fiume Senegal. Le spedizioni portoghesi contribuirono a dimostrare che l'estensione della superficie terrestre era molto più ampia rispetto a quanto aveva stabilito la tradizione. Una diffusa credenza che circolava nel Medioevo, infatti, riguardava una particolare interpretazione del pensiero aristotelico legata alla teoria dei quattro elementi. Secondo tale interpretazione, il rapporto tra il volume di un elemento e quello del successivo, in ordine decrescente di densità (terra, acqua, fuoco, aria), era nella proporzione di uno a dieci. In ragione di questo principio si deduceva che la superficie della terra lasciata allo scoperto dalle acque doveva essere molto piccola in rapporto all'immensità del globo. Una conseguenza di questa teoria? La dimensione dell'oceano che separava l'Europa dall'Asia era sicuramente troppo estesa per poter far pensare all'allestimento di una spedizione navale. Una argomentazione che venne utilizzata per criticare il progetto di Cristoforo Colombo di raggiungere le Indie Orientali. Colombo preferiva invece rifarsi a indicazioni di segno completamente diverso, come ad esempio quelle contenute nel *De caelo* (che era pur sempre un testo di Aristotele), filtrate attraverso la lettura di altri scritti medievali: «Risulta evidente non solo che la forma della terra è quella d'una sfera, ma anche d'una sfera non molto grande, perché altrimenti non renderebbe così rapidamente visibile il mutamento degli astri, quando noi ci spostiamo così di poco. Perciò non ci deve sembrare troppo incredibile l'opinione di quelli che ritengono che la regione delle colonne d'Ercole confina con quella dell'India, e che in tal modo il mare è uno solo. Essi affermano questo ritenendo che ne siano un indizio anche gli elefanti, la cui specie si ritrova nelle due regioni estreme; e questo accadrebbe in quanto i due estremi si toccano».

Fu proprio una clamorosa sottovalutazione delle distanze fra Europa e Asia (un terzo in meno del reale) uno dei motivi vincenti dell'impresa di Colombo. Salpato il 3 agosto 1492 dalla barra di Saltes, di fronte a Huelva (l'odierna Palos, in Spagna), il 12 ottobre 1492 Colombo approdò a un'isola dell'arcipelago delle Bahamas, Guanahani, che chiamò San Salvador. In quel momento, egli ritenne di aver finalmente raggiunto la costa orientale delle Indie. Tuttavia, nel corso della terza spedizione (1498), iniziò ad avere qualche dubbio. Era possibile, infatti, che le sue navi si fossero imbattute in una «terra grandissima della quale fino ad oggi non si è saputo nulla». Sarà Amerigo Vespucci a stabilire con esattezza che quella terra non era il favoloso Oriente raccontato da Marco Polo, ma un «altro mondo», come sottolineato da Copernico nel primo libro del *De revolutionibus orbium coelestium*. Le esplorazioni del navigatore fiorentino (al servizio del Portogallo) dimostrarono che la costa sudamericana si estendeva per miglia e miglia senza soluzione di continuità (Vespucci scese fino alla latitudine di 50° sud). Si trattava di un nuovo continente, ignorato dalla geografia tradizionale. Fu così che nel 1507 Martin Waldseemüller propose di battezzare il continente col nome di «America», da Amerigo. Anche se per molto tempo ci si riferì a quelle terre come al «Nuovo Mondo».

Nel frattempo, le esplorazioni portoghesi della costa occidentale dell'Africa avevano dimostrato che anche quel continente risultava molto più esteso in lunghezza di quello che si era fino ad allora ritenuto. Nel 1488 Bartolomeo Diaz aveva raggiunto la punta estrema dell'Africa, battezzandola Capo delle Tempeste. Il re del Portogallo, interpretando l'evento come un favorevole auspicio, volle tuttavia chiamarla Capo di Buona Speranza. Quindi, il 22 novembre 1497, Vasco da Gama, alla guida della prima spedizione navale diretta nelle Indie navigando verso oriente, doppiò finalmente il Capo: un altro dei momenti cruciali nella storia delle esplorazioni marittime.

La lunghezza del Sud America impediva un rapido viaggio verso l'Asia, passaggio che restava uno degli obiettivi principali di tutte le navigazioni verso occidente. Tra il 1519 e il 1522 una missione spagnola guidata da Ferdinando Magellano effettuò la prima circumnavigazione del globo, riuscendo a trovare un passaggio attraverso la costa sudamericana. L'imboccatura dello stretto (che poi porterà il suo nome) venne raggiunta il 21 ottobre 1520; la traversata durò fino al 28 novembre. Per la prima volta, gli Europei entravano nell'Oceano Pacifico. Fu una spedizione tragica: lo stesso Magellano venne ucciso, il 27 aprile 1521, dagli abitanti dell'isola di Mactan, nelle Filippine, ribellatisi ai tributi imposti loro dal navigatore. Tra i 18 superstiti degli oltre 200 uomini di cui era composta la missione, ci fu anche il vicentino Antonio Pigafetta, autore della relazione della grande impresa, un documento di straordinaria bellezza e importanza.

Dopo la spedizione di Magellano, si pensò di avere prove tangibili dell'esistenza del mitico continente che, a detta di molti, occupava le latitudini meridionali dell'emisfero australe: la *Terra Australis Incognita*. La presenza di una grande massa di terra australe era stata ipotizzata fin dall'antichità per spiegare la coerenza strutturale del pianeta. Le scoperte geografiche, dimostrando che le terre sul globo erano molto più numerose di quelle fino ad allora conosciute, non fecero altro che rafforzare tale convinzione. Sulla base delle scoperte di Magellano, la Terra del Fuoco, che delimitava a sud lo stretto attraversato dal navigatore spagnolo, venne ritenuta parte di una regione assai più vasta, che si estendeva proprio verso il polo australe. Nelle mappe del mondo realizzate dai padri della moderna cartografia, la *Terra Australis Incognita* sarà raffigurata come un'ampia massa continentale alla latitudine di 50° sud, protesa, in qualche punto, fino al Tropico del Capricorno.

Numerosi navigatori nel corso del Cinquecento e

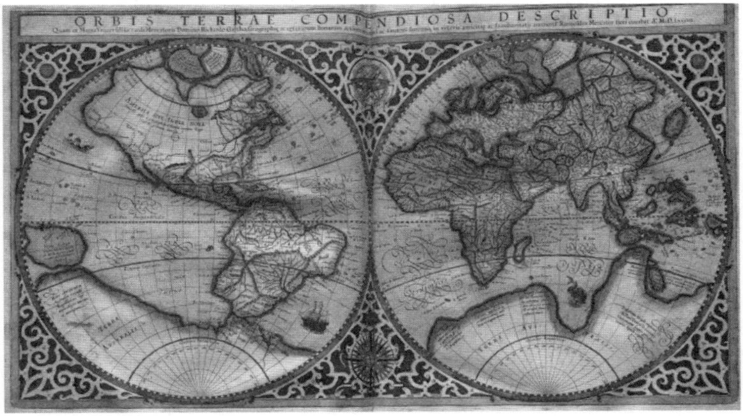

Fig. 8. Rumold Mercator, *Planisfero*, 1587.
Nella parte inferiore è indicata la *Terra Australis Incognita*.

del Seicento cercarono la Terra Australe, alla guida di spedizioni quasi sempre animate da ragioni di natura politica e commerciale. Nel corso delle loro ricerche quei navigatori furono così protagonisti, inconsapevolmente, di importanti scoperte. Fra queste, i primi avvistamenti dell'Australia, ad opera di navigatori olandesi (motivo per il quale venne inizialmente chiamata Nuova Olanda). Il Seicento fu un secolo di audaci esplorazioni, anche in zone remote e poco conosciute del globo. Tuttavia, nonostante i progressivi sforzi volti alla realizzazione di carte geografiche sempre più dettagliate e precise, l'immagine complessiva del mondo non era cambiata di molto rispetto a quella del secolo precedente. Il problema principale restava ancora quello della misurazione della longitudine, che non solo provocava numerosi problemi nella definizione dei contorni cartografici dei continenti, ma rendeva talvolta impossibile la individuazione di un'isola o di una terra avvistata una volta sola (o anche poche volte) nel contesto di una sterminata distesa d'acqua quale il Pacifico, un oceano ancora in gran parte da esplorare. Per questo motivo, uno degli aspetti principali delle esplorazioni del Settecento fu l'organizzazione di grandi spedizioni transoceaniche che avevano come obiettivo non solo la conquista, ma anche la conoscenza scientifica dei territori e degli spazi del Pacifico. I motivi politici e commerciali, naturalmente, continuarono a rappresentare un elemento decisivo nell'ottica dei governi che finanziavano le imprese, come nel caso della Francia e dell'Inghilterra. Guillaume-Thomas-François Raynal, apertamente schierato contro le azioni coloniali del governi europei, sintetizzò in maniera efficace il mutamento prodotto dalle scoperte geografiche, anticipando il concetto di globalizzazione: «È da quel momento che gli uomini delle più lontane contrade si sono avvicinati grazie a nuovi rapporti e a nuovi bisogni. I prodotti dei climi posti sotto l'equatore si consumano in quelli vicini ai poli, l'industria del Settentrione viene portata nel Sud, le stoffe d'Oriente sono diventate il lusso degli occidentali; e dovunque gli uomini si scambiano reciprocamente opinioni, leggi, usi, malattie, rimedi e virtù».

Nella seconda metà del Settecento i viaggi si moltiplicarono sotto l'impulso dei sovrani illuminati, dei governi e delle accademie scientifiche. Intorno alla metà degli anni Sessanta la Royal Society, grazie all'appoggio del re Giorgio III, allestì la prima spedizione scientifica volta all'esplorazione del Pacifico Meridionale. Samuel Wallis attraversò l'oceano verso ovest alla latitudine dello Stretto di Magellano e scoprì parecchie isole, fra cui Tahiti (19 giugno 1767), alla quale dette il nome di Isola del Re Giorgio. Non molto tempo dopo, giunse a Tahiti anche Louis-Antoine de Bougainville, che ne descrisse l'esatta natura e collocazione. Dai documenti che il navigatore francese ci ha lasciato, si comprende facilmente come lo scopo esplorativo fosse animato da finalità politiche e commerciali: «La conoscenza di queste isole o continenti è stata sinora appena abbozzata, ed è quindi del più grande interesse perfezionarla; d'altronde, nessuna nazione europea possiede in quelle terre colonie, né può vantare alcun diritto su di esse: può riuscire quindi assai vantaggioso alla Francia esplorarle e prenderne possesso, se possono offrire qualcosa di utile ai suoi commerci ed alla sua navigazione». Le motivazioni coloniali sono esplicitate da Bougainville in un altro, fin troppo eloquente, documento, nel quale la scienza non viene concepita come strumento di ricerca e di conoscenza, bensì come sostegno all'azione militare e di conquista: «La natura ha favorito certe parti del globo più di altre: ecco quindi dove conviene, attualmente, fondare nuove colonie: si aprirà così, per la Francia, una nuova attività commerciale. Tutte le ricchezze del globo appartengono all'Europa, resa dai suoi progressi scientifici sovrana sulle altre parti del mondo; andiamo quindi a raccogliere questa messe».

Il 25 agosto 1768 partì la prima delle grandi circumnavigazioni del globo di James Cook, il più celebre dei navigatori (dopo Colombo, naturalmente), che si protrasse fino al 1771. Il nome di Cook resterà per sempre legato all'esplorazione del Pacifico, del quale carpì quasi ogni segreto. Tuttavia, nel corso del secondo e del terzo viaggio, Cook tentò di chiarire altre due questioni di fondamentale importanza per la conoscenza del globo: l'esistenza della *Terra Australis Incognita* e il misterioso passaggio a nord-ovest. Il navigatore inglese poté utilizzare, a partire dal secondo viaggio, un nuovo strumento di precisione per misurare la longitudine, cioè la copia di uno degli orologi messi a punto da

John Harrison, l'uomo che con la sua invenzione riuscì a cambiare per sempre l'arte della navigazione. Fino ad allora, infatti, i navigatori non avevano potuto disporre di un orologio che non risentisse delle mutevoli condizioni in cui si veniva a trovare un'imbarcazione in alto mare.

La seconda spedizione di Cook prese l'avvio il 13 luglio 1772 da Plymouth, arrivando sedici giorni dopo a Madera, primo scalo previsto per i rifornimenti. Dopo aver transitato, l'8 settembre, per la linea dell'equatore, il 30 ottobre Cook fece la classica tappa al Capo di Buona Speranza. Il 23 novembre iniziò il vero e proprio viaggio di esplorazione. Il 17 gennaio 1773 Cook scriveva sul suo diario di viaggio, nei pressi della Terra di Enderby: «Alle undici e un quarto circa abbiamo tagliato il Circolo Antartico, perché a mezzogiorno le osservazioni ci davano un punto nave quattro miglia e mezzo a sud di esso: siamo senza dubbio il primo ed unico bastimento che abbia mai attraversato quella linea». Per oltre due anni Cook cercò prove dell'esistenza della Terra Australis. Ma egli incontrò solo freddo e grandi blocchi di ghiaccio. Nella parte sud dell'emisfero australe non esisteva una massa sterminata di terra, come la tradizione aveva sempre supposto. Secondo Cook, qualsiasi altra esplorazione di quei luoghi sarebbe stata inutile: «Se il mio resoconto della formazione di queste straordinarie isole galleggianti di ghiaccio, compilato basandomi interamente sulle mie proprie osservazioni, non riuscirà a fornire utili suggerimenti a qualche penna più abile, potrà comunque fornire qualche idea sulle terre dove essi si formano, terre condannate dalla natura a un freddo eterno e a non sentire mai il caldo dei raggi solari, il cui aspetto orribile e selvaggio non ho parole per descrivere. Se tali sono le terre che abbiamo scoperto, che cosa possiamo aspettarci da quelle che giacciono ancora più al Sud, dato che possiamo ragionevolmente supporre di aver visto le migliori, quelle che cioè si trovano più al Nord? Se mai ci sarà qualcuno che prenderà la decisione e avrà la costanza di chiarire questo punto, spingendosi più oltre di quanto non abbia fatto io, non gli invidierò l'onore della scoperta, ma certo ardisco dire che il mondo non ne trarrà beneficio». Previsioni del genere non andrebbero mai fatte. L'esistenza di un continente antartico sarebbe stata dimostrata nei primi decenni dell'Ottocento. Oggi l'Antartide è uno dei luoghi strategici per la comprensione della storia del nostro pianeta.

Il terzo viaggio di Cook prese l'avvio da Plymouth il 12 luglio 1776 (otto giorni dopo la Dichiarazione d'Indipendenza delle colonie inglesi d'America). Lo scopo era quello di verificare l'esistenza di un passaggio a nord-ovest che consentisse di raggiungere l'Asia navigando alle estreme latitudini nord sopra il continente americano. Sin dalla scoperta dell'America, numerosi navigatori avevano tentato, inutilmente, di individuare una rotta sia in direzione nord-est che in direzione nord-ovest, che permettesse di arrivare rapidamente in Asia senza dover dirigersi verso la Terra del Fuoco e doppiare Capo Horn, oppure seguire le tradizionali rotte nell'Oceano Indiano. Cook pensò ad un tragitto diverso: individuare il passaggio risalendo dal Pacifico per lo Stretto di Bering. Il 18 gennaio 1778 la spedizione raggiunse un arcipelago fino ad allora sconosciuto, che Cook chiamò Isole di Sandwich, in onore di John Montagu, conte di Sandwich. Erano le odierne Hawaii. Le navi si diressero quindi verso il Nord America, esplorando tutta la costa occidentale fino all'Alaska, ben oltre il celebre monte Sant'Elia. Nel mese di agosto Cook entrò nello stretto di Bering. Tuttavia, ad un certo punto, dovette invertire la rotta, a causa del freddo polare, che aveva già fatto delle vittime tra i membri dell'equipaggio. Cook decise di tornare verso climi più temperati, dirigendosi nuovamente presso le Isole Sandwich, dove giunse il 17 gennaio 1779. La scelta però non si rivelò fortunata. Cook venne ucciso in uno scontro con gli indigeni il 14 febbraio di quello stesso anno.

Dopo le esplorazioni di Cook sarebbe rimasto ben poco da scoprire: almeno questa era l'opinione di uno dei più grandi viaggiatori di fine secolo, Alessandro Malaspina, il navigatore italiano originario della Lunigiana, autore di una circumnavigazione del globo di notevole importanza al servizio della marina spagnola. Certo, Malaspina si riferiva soprattutto ai contorni geografici delle terre emerse, e non a quello che poteva esistere al loro interno. L'Africa restava un continente ancora interamente da esplorare (e conquistare), così come l'Amazzonia o le regioni centrali e occidentali degli Stati Uniti, dove si assisterà nel corso dell'Ottocento alla progressiva scomparsa delle culture degli Indiani d'America.

Durante la rivoluzione scientifica, gli studiosi europei non avevano mancato di paragonare i prodigiosi cambiamenti nel campo della fisica e dell'astronomia all'allargamento delle conoscenze geografiche reso possibile dai grandi viaggi di navigazione. Francis Bacon, ad esempio, pensando a Galileo Galilei aveva sottolineato l'analogia fra l'uso delle imbarcazioni e quello dei nuovi strumenti: «Ci congratuliamo con l'industria dei meccanici, con lo zelo e l'energia di certi uomini dotti, che poco tempo addietro, con l'aiuto di nuovi strumenti ottici, come usando scialuppe e piccole barche, hanno cominciato a tentare nuovi commerci con i fenomeni del cielo». Tuttavia, per almeno tre secoli, i due ambiti di scoperta, quello terreste e quello celeste, non produssero lo stesso effetto sulla coscienza e sul comportamento dell'umanità. Mentre le scienze fisiche e astronomiche stavano evidenziando le sempre più insignificanti dimensioni del pianeta nel cosmo (con tutti i limiti che ne conseguivano), le esplorazioni geografiche stimolarono l'idea che esistessero terre e risorse pressoché infinite a disposizione, non solo da conoscere, ma anche da colonizzare e sfruttare. Questa errata convinzione si radicò ancora di più nella mentalità collettiva, quando, a partire dalla Rivoluzione industriale, le potenze europee iniziarono ad avere bisogno, come vedremo, di sempre maggiori quantità di energia.

Soltanto a partire dal secolo scorso cominciarono a manifestarsi i primi segnali di una nuova e diversa percezione delle dimensioni del nostro pianeta. Scriveva Paul Valéry nel 1931: «Tutta la Terra abitabile è stata ai nostri giorni perlustrata, rilevata e divisa tra le nazioni. L'era delle lande disabitate, dei territori liberi, dei luoghi che non appartengono a nessuno, ovvero l'era della libera espansione, è chiusa. Non vi è roccia che non rechi una bandiera; non vi sono più vuoti sulla carta, né regioni senza dogane e senza leggi, né una tribù le cui vicende non producano un qualche dossier e non dipendano, per via dei malefici della scrittura, da vari umanisti lontani nei loro uffici. Comincia l'era del mondo finito». È in questo momento che inizia a farsi strada la consapevolezza, non solo tra i dotti, ma nell'opinione comune, che gli uomini non abitano una terra dagli spazi pressoché illimitati, ma semplicemente una piccola astronave sperduta nel cosmo. All'improvviso, un mondo che sembrava infinitamente grande, era diventato molto piccolo. Con i passeggeri in aumento e con risorse non così abbondanti come si era spesso pensato.

Quella dello spazio terrestre non è comunque l'unica dimensione che gli uomini hanno fatto fatica a comprendere dopo la rivoluzione astronomica. Ce n'è un'altra, forse ancor più decisiva, legata agli incredibili sviluppi della scienza moderna: la lunghezza dei tempi storici e geologici.

Capitolo 4

Il tempo si allunga

Per secoli e secoli la Bibbia ha rappresentato per il mondo cristiano sia il libro delle verità religiose che quello delle verità naturali. Nei testi sacri era contenuta non solo la descrizione della struttura dell'universo, ma anche l'unica narrazione attendibile del passato del mondo. Secondo il racconto della Bibbia, la storia degli uomini e quella della natura venivano concepite come inseparabili. L'età della Terra, che coincideva dunque con l'età dell'universo e dell'uomo, era stimata in circa 6000 anni, sulla base di una tradizione esegetica risalente ai primi secoli dell'era cristiana.

Verso la metà del Seicento la datazione degli eventi venne fissata con estrema precisione. Dio aveva creato il mondo nel 4004 a.C., precisamente il 23 ottobre. Il Diluvio universale era sopraggiunto 1656 anni dopo, ovvero nel 2348 a.C. Dopo la catastrofe, i discendenti dei tre figli di Noè, Sem, Cam e Jafet avevano ripopolato il mondo, colonizzando rispettivamente l'Asia, l'Africa e l'Europa, secondo uno schema che rimandava alla tripartizione delle mappe del mondo medievali.

La rivoluzione astronomica, fondata sulla teoria eliocentrica di Copernico, aveva cambiato la concezione della struttura dell'universo, ma non aveva spostato di un secondo l'idea che il mondo fosse stato creato seimila anni prima. Newton, ad esempio, come molti suoi contemporanei, si dedicò con grande impegno all'analisi della Bibbia e allo studio della cronologia universale. Le sue ricerche furono animate da un obiettivo preciso: dimostrare la priorità temporale della civiltà ebraica. Newton era convinto che tutti i popoli, tranne gli Ebrei, avessero volutamente accresciuto la loro antichità, per motivi di vanità e orgoglio. Più o meno negli stessi anni, Giambattista Vico giungeva a simili conclusioni: dopo il Diluvio, soltanto i discendenti di Sem si erano salvati dall'imbarbarimento, conservando una chiara visione degli eventi storici. Tutte le altre nazioni, formatesi in fasi diverse molto tempo dopo, avevano cercato di trasformare le loro recenti origini in antiche mitologie. Newton si dedicò anche all'interpretazione delle profezie contenute nei testi sacri, concentrandosi in particolare sul libro dell'*Apocalisse*, nel tentativo di determinare la data della fine del mondo.

Nonostante le numerose e autorevoli difese in suo favore, la cronologia tradizionale fu costretta a confrontarsi nel corso del Seicento con una serie di imbarazzanti documenti che ne mettevano in dubbio il valore assoluto, come gli annali cinesi studiati dai missionari residenti in Cina. Il gesuita trentino Martino Martini scriveva nel suo *Novus Atlas Sinensis* (1655): «In Asia (almeno dopo il famoso Diluvio universale) nessuna parte fu più importante, più antica o più civile di questa estrema, considerandone non solo la forma di governo, ma anche la conoscenza e la pratica delle lettere. Infatti la sua storia, che proprio i cinesi scrissero fin dai tempi più remoti, comprende quasi tremila anni prima della nascita di Cristo, come appare con maggior chiarezza dal mio compendio di storia e dalla cronologia dell'Asia estrema. Si dice che i cinesi già allora coltivassero soprattutto le lettere, la filosofia morale e le scienze matematiche, come dimostrano ampiamente le antichissime osservazioni delle stelle e insegnano le leggi dell'Impero, giunte fino ai nostri tempi su antichissimi volumi». La Bibbia doveva dunque essere interpretata certamente come storia sacra, ma unicamente in riferimento alle vicende del popolo ebraico. Le storie di tutti gli altri uomini, che non discendevano da Adamo (anzi, che forse erano stati creati prima di Adamo) andavano lette e ricostruite con criteri diversi. Criteri che, in pratica, arrivavano a determinare la parzialità del Diluvio, in quanto fenomeno locale e non universale, e a stabilire l'esistenza di una dimensione cronologica diversa rispetto a quella ricostruibile grazie all'esame delle Sacre Scritture.

Oltre al dibattito sulle origini delle antiche civiltà, in quegli anni si accese anche una controversia intorno alla natura dei fossili, controversia che andò a rafforzare l'idea che il pianeta avesse alle sue spalle una storia dai tempi più lunghi di quelli indicati dalla cronologia ufficiale. Secondo l'interpretazione tradizionale, i fossili non potevano essere considerati come documenti della storia del mondo, per il semplice fatto che le specie animali e vegetali non avevano una storia ed erano sempre identiche a se stesse. Tali reperti, dunque, non costituivano resti di organismi, ma rappresentavano una delle infinite e variegate produzioni del regno minerale, più o meno simili a scherzi della natura prodotti da una misteriosa 'virtù plastica'.

Nei secoli precedenti alcuni studiosi erano già arrivati a comprendere l'esatta natura dei fossili. Fra questi non mancò all'appello Leonardo da Vinci (e la cosa, visto il personaggio, non ci stupisce affatto). Leonardo, in vari fogli del *Codice Atlantico* e del *Codice Leicester*, descrisse i fenomeni di erosione e sedimentazione causati dalle acque (marine e meteoriche), sostenendo che fossili di origine organica si trovavano negli strati rocciosi in seguito a ripetute inondazioni delle terre emerse. Purtroppo le riflessioni del genio toscano rimasero confinate nei manoscritti e non ebbero modo di diventare opinione comune. Ben diversa si presentò la situazione a partire dalla metà del Seicento, quando molti naturalisti iniziarono a rifiutare la teoria che interpretava i fossili come un particolare tipo di oggetti minerali. Al contrario, era probabile che i fossili costituissero resti pietrificati di organismi vegetali e animali probabilmente vissuti in tempi molto antichi. Certo, l'ipotesi più semplice (scartata da Leonardo) era quella di interpretare i fossili come resti del tremendo diluvio biblico. Tuttavia, così come era accaduto nel campo delle scienze fisiche e astronomiche, con l'emergere di sempre nuove prove e documenti, alcuni studiosi ebbero il coraggio di rompere il vincolo di subordinazione che legava la storia della Terra alla storia sacra. Fra gli altri, il danese Niels Stensen, più noto come Stenone (il quale visse per un certo periodo a Firenze, collaborando con gli scienziati dell'Accademia del Cimento), realizzò una elaborata teoria, grazie alla quale può essere considerato uno dei padri del metodo stratigrafico. Stenone interpretò la presenza di fossili in strati sovrapposti come la prova che tali strati si erano depositati uno sull'altro nel tempo, attribuendo le loro rotture e inclinazioni, responsabili della varietà del paesaggio terrestre, a molti e diversi eventi naturali, anche catastrofici. Era probabile, infatti, che l'origine della maggior parte delle trasformazioni avvenute sul globo fosse dovuta non al

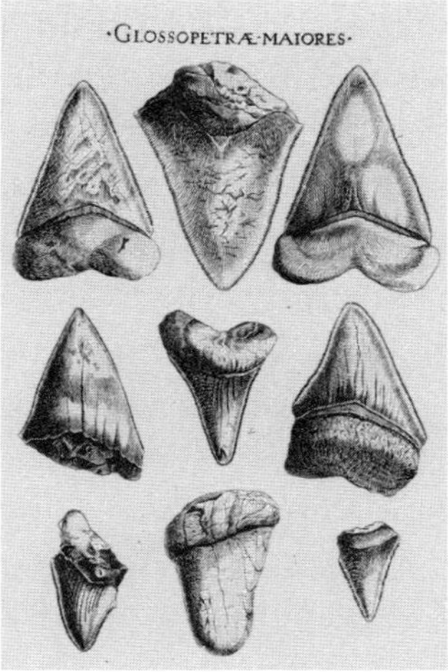

Fig. 9. Niels Stensen,
Glossopetrae Maiores
(denti di squali fossili).

Diluvio, ma ad una azione combinata di fenomeni regolari e ripetuti (come la lenta e costante azione delle acque) e di situazioni altamente distruttive (terremoti ed eruzioni vulcaniche).

Le diverse argomentazioni emerse fra la fine del Seicento e l'inizio del Settecento trovarono una affascinante e letterariamente pregevole sintesi all'interno dell'opera di Georges-Louis Leclerc de Buffon, il quale fece uscire, nel 1749, i primi volumi della *Histoire naturelle* (*Storia naturale*), un'opera monumentale (divisa in quattro parti, corrispondenti a 36 volumi nell'arco di quarant'anni), che permise allo studioso francese di diventare uno degli scienziati più influenti e celebrati a livello internazionale. L'argomentazione di Buffon partiva da un fatto che egli riteneva ormai incontestabile: «Non si può porre in dubbio che le acque del mare abbiano dimorato sulla superficie della terra da noi abitata, e che di conseguenza proprio questa superficie del nostro continente non sia stata per qualche tempo il fondo di un mare, nel quale tutto avveniva come tutto avviene attualmente nel mare d'oggi». Ciò era ampiamente dimostrato dal ritrovamento sulle montagne, «fin sulle loro cime», di produzioni marine che risultavano identiche alle «conchiglie viventi», senza nessun dubbio «sulla loro perfetta rassomiglianza né sull'identità della loro specie». Ma come era possibile che la terra, «da tempo immemorabile» non bagnata dalle acque, fosse stata un tempo «il fondo di un mare»? Per quale motivo le acque non erano rimaste sulle montagne, dopo che vi avevano soggiornato così a lungo? Che cosa aveva potuto produrre un simile mutamento? Era possibile concepirne uno così potente da produrre un tale effetto? Rifiutando di chiamare in causa il Diluvio biblico, Buffon attribuì le variazioni subite nel tempo dal livello del mare al lento, costante, ma inesorabile movimento delle acque. Ciò era sufficiente a dimostrare la possibilità di un «cambiamento della terra in mare e del mare in terra». Lo scienziato francese credeva fermamente che «i fenomeni di tutti i giorni, i movimenti che si succedono e si rinnovano senza interruzione, le operazioni costanti e sempre ripetute» rappresentassero le cause fondamentali dei mutamenti naturali. Gli eventi speciali, tuttavia, non dovevano essere trascurati: inondazioni e terremoti, infatti, potevano provocare cambiamenti bruschi, improvvisi e certamente non di secondaria importanza.

Buffon ipotizzò che la Terra fosse stata in origine un pezzo di materia incandescente distaccatasi dal Sole a causa dell'urto della stella con una cometa. La sua prospettiva temporale era ormai ben più ampia rispetto a quella tradizionale: «Come mi ero proposto, eccoci discesi dalla cima della scala del tempo fino a secoli assai vicini al nostro; siamo passati dal caos alla luce, dal globo incandescente al suo primo raffreddamento, e questo periodo di tempo è stato di 25.000 anni. Il secondo grado di raffreddamento ha permesso alle acque di precipitare ed ha purificato l'atmosfera nel tratto di tempo che va dai 25.000 anni ai 35.000 anni. Nella terza epoca l'intera superficie terrestre è stata coperta dal mare, si è avuta la produzione delle prime conchiglie e dei primi vegetali, la costruzione della superficie della Terra a letti orizzontali, opere per le quali sono occorsi altri 15.000 o 20.000 anni».

Lo studio dei fossili, unitamente a quello delle antiche civiltà, fu uno degli elementi determinanti nel passaggio dall'adesione ad una cronologia limitata nel tempo alla convinzione che l'umanità avesse alle spalle una lunga storia dai contorni non ben definiti. Un binomio chiaramente delineato, negli anni Sessanta del Settecento, nelle riflessioni di Carsten Niebuhr (l'unico sopravvissuto di una fondamentale, ma tragica spedizione nella penisola arabica), in presenza dei fossili custoditi dai monti egiziani e conservati nelle rocce utilizzate per costruire le grandi piramidi della piana di Giza: «Quanti anni ci saranno voluti perché una tale, immensa quantità di conchiglie nascesse e morisse affinché questi monti potessero raggiungere l'altezza attuale? Quanti anni saranno trascorsi perché l'acqua sparisse dall'Egitto, specialmente se si è ritirata alla lentezza degli ultimi millenni? Quanti anni perché l'Egitto fosse così popolato da arrivare a concepire il sogno di costruire la prima piramide? E quanti anni prima che fossero costruite tutte le piramidi che ancora possiamo vedere in Egitto, senza che neppure sappiamo con certezza in quale secolo e da chi fu eretta l'ultima»?

Ancora una volta è però Kant colui che meglio di ogni altro riesce a collegare – con parole capaci di toccare il cuore – la nuova consapevolezza scientifica alla visione estetica di tempi illimitati, all'interno di una prospettiva cosmica che ormai sta diventando di tipo evolutivo, come avremo modo di approfondire nei prossimi capitoli: «Sono dovuti trascorrere forse milioni di anni e di secoli prima che la sfera della natura formata, in cui ci troviamo, abbia potuto raggiungere la perfezione che le è propria; e passerà forse un periodo altrettanto lungo prima che la natura faccia un passo così importante nel caos: ma la sfera della natura già formata è costantemente tesa a estendersi. La creazione non è opera di un momento. Dopo che ha preso inizio con la produzione di un'infinità di sostanze e materie, essa si trova incessantemente in azione, nel corso dell'eternità, con un grado di fertilità sempre crescente. Trascorreranno milioni di milioni di secoli, nell'arco dei quali si formeranno uno dopo l'altro, a distanze enormi dal centro della natura, nuovi mondi e ordini di mondi che raggiungeranno via via la loro perfezione».

Kant non era semplicemente un filosofo teoretico, era anche un filosofo naturale. Per tutta la sua carriera universitaria insegnò Geografia fisica e si occupò delle discipline più disparate, dall'astronomia all'antropologia. Ma, in fondo, certi suoi brani sono esempi di pura poesia. Così come scienziato e poeta era Albrecht von Haller, «il più sublime dei poeti tedeschi» a detta di Kant, il quale, per rafforzare la sua immagine dell'universo, sia da un punto di vista spaziale che temporale, faceva riferimento, nel 1755, a un componimento del collega e connazionale:

Infinità, chi può misurarti?
Dinanzi a te i mondi sono giorni e gli uomini attimi;

Forse la millesima parte dei soli si muove
ma mille ancora restano indietro.
Come un orologio, animato da un peso,
si desta un sole, mosso dalla potenza di Dio:
la sua spinta si esaurisce, un'altra si annuncia,
ma tu resti e non li conti.

Per coloro che fanno fatica a padroneggiare le scale temporali relative al pianeta Terra determinate dalla scienza contemporanea, consigliamo l'uso di uno strumento didattico facilmente reperibile anche in rete, il cosiddetto *Calendario geologico*. Questo speciale calendario consiste in una comparazione tra la storia della Terra (circa 4,5 miliardi di anni) e un anno solare. Ecco alcune date da ricordare: 1° gennaio: nascita della Terra; 9 luglio: formazione dell'ossigeno nell'atmosfera (circa 2,2 miliardi di anni); 15 novembre: comparsa dei primi organismi con gusci o scheletri (540 milioni); 13 dicembre: avvento dei dinosauri (230 milioni); 27 dicembre: estinzione dei dinosauri (65 milioni). Per il resto, tutta la storia che riguarda la comparsa dei primi ominidi sulla Terra fino ai giorni nostri è compresa in un solo giorno, il 31 dicembre. L'*Homo sapiens* compare qualche minuto prima della mezzanotte. Lo sviluppo della civiltà sta tutto all'interno dell'ultimo minuto, secondo più, secondo meno. Come ha scritto Carl Sagan, in questo straordinario calendario «l'esplorazione spaziale occuperebbe l'ultimo decimo di secondo, e i mutamenti fondamentali negli atteggiamenti e nella conoscenza scientifica si collocherebbero negli ultimi pochi secondi». È più chiara adesso la dimensione del tempo trascorso prima che gli uomini diventassero gli abitatori di questo pianeta? Utilizzando questa scala temporale, ogni minuto corrisponde a 8561 anni, ogni secondo a

143 anni terrestri. Praticamente è come se ognuno di noi vivesse, mediamente, circa mezzo secondo.

Sulla difficoltà di concepire il tempo, assumendo la nostra persona come punto di riferimento, ha scritto Whitehead: «In ogni riflessione sulla natura dobbiamo tenere a mente le differenze di scala, in particolare le differenze temporali. Siamo portati a considerare il funzionamento osservabile del corpo umano come base di una scala assoluta. Sarebbe avventato trarre conclusioni da un'osservazione che va ben oltre la scala di grandezza alla quale l'osservazione stessa era limitata. Per esempio, un'apparente assenza di cambiamenti nell'arco di tempo di un secondo non ci dice nulla sui cambiamenti che potrebbero verificarsi in mille anni. Inoltre, nessun cambiamento apparente nell'arco di mille anni ci dice nulla riguardo a un tempo di un milione di anni; e nessun cambiamento in un milione di anni ci dice nulla riguardo a mille miliardi di anni». Per questo motivo, gli uomini hanno a lungo ritenuto che la natura fosse sempre uguale a se stessa. Questo lo aveva ben compreso anche Jean-Baptiste Lamarck: «Per l'uomo che giudica esclusivamente secondo i cambiamenti che lui stesso riesce a vedere, gli intervalli tra i profondi mutamenti valgono come stati stazionari, che gli paiono illimitati a causa della brevità della propria esistenza».

Con l'allungamento dei tempi e, soprattutto, con la separazione della storia dell'universo dalla storia dell'uomo, una domanda inquietante cercava adesso una rassicurante risposta. Se la vita non era comparsa al momento della creazione dell'universo, allora quando era comparsa? Buffon non aveva dubbi su questo. Il creatore, disponendo di tempi pressoché infiniti, aveva lavorato con calma. Il naturalista francese ipotizzava che le prime forme di vita fossero comparse nel mare, sviluppandosi sulla crosta terrestre soltanto in un secondo momento, grazie all'abbassamento delle acque e al progressivo raffreddamento del globo: «L'Essere sovrano non ha diffuso il soffio della vita nello stesso istante sopra tutta la superficie della Terra; ha cominciato col fecondare i mari, poi le terre più alte; ha voluto dare alla Terra tutto il tempo necessario per consolidarsi, modellarsi, raffreddarsi, rimanere allo scoperto, disseccarsi e arrivare infine a quello stato di quiete e di tranquillità in cui l'uomo poteva essere il testimone intelligente, l'ammiratore pacifico del grande spettacolo della natura e delle meraviglie della creazione».

Dello stesso avviso era Kant. La sua descrizione della comparsa della vita sulla Terra non manca certo di quell'efficacia capace di stupire l'immaginazione: «I siti di terra occupati dal mare furono da esso maggiormente compressi verso il centro, per cui comparirono vari piani che si coprirono di muschio e di erbe, e vi nacquero i vermi e gli insetti, che mediante il loro nascere e morire produssero delle cristallizzazioni e delle organizzazioni sempre più fini e perfette, e formarono il principio del mondo animale. Comparvero quindi animali striscianti, rettili, creature con molti piedi, quadrupedi e quadrumani. La terra ebbe una temperatura felice; fu però grande ancora il suo calore interno, e violenta la fermentazione: essa formò colla sua orbita un angolo retto, ed ebbe da per tutto una primavera; e tutto ciò poi cambiò, inclinandosi il suo asse. Figuriamoci una causa qualunque, per esempio un terremoto, che ruppe l'argine di due antichi avanzi di mare, conducendo l'acqua del deserto di Zaara nel Mediterraneo, e precipitando quella del deserto di Gobi verso il polo settentrionale; lo spostamento repentino di questo peso fu sufficiente a produrre un forte sbilanciamento nell'asse. Il mare fu agitatissimo, coprì la terra, lasciò alcuni domini antichi e aumentò l'inclinazione dell'asse. Allora furono sepolte le antiche creazioni, vennero coperte di sabbia e di terra, e poi s'impietrirono. Ancora non era comparso l'uomo, poiché nessun reperto fossile reca l'indizio del suo essere avanti questa rivoluzione, ma esso nacque dopo».

Sì, nacque dopo; ma quando e come nacque esattamente? Venne creato da Dio oppure la sua comparsa fu dovuta a una produzione spontanea della materia stessa? Il dilemma non era ovviamente nuovo e aveva accompagnato le riflessioni di filosofi e naturalisti fin dall'antichità. Adesso la questione assumeva una nuova rilevanza, perché si collegava strettamente al tema dell'età dell'universo. Forse, in tempi lunghi, erano potute accadere molte più cose (inclusa la comparsa della vita) senza che fosse necessario fare ricorso all'intervento divino, a causa di progressive trasformazioni o 'evoluzioni' spontanee della materia da inorganica a organica. Anche in questo caso, tuttavia, la questione non era così facilmente risolvibile. L'allungamento dei tempi della storia dell'universo e della Terra non coincideva necessariamente con l'adozione di una prospettiva evoluzionistica. Anche dopo la pubblicazione delle opere di Buffon, infatti, numerosi furono i tentativi di conciliare la cosmologia e la nuova geologia con il racconto della Bibbia. Dietro la disputa sul tempo, del resto, si andava ormai profilando lo scontro tra i fautori del trasformismo, che si ispiravano a Lamarck, e i sostenitori del fissismo delle specie, capeggiati da Georges Cuvier, il fondatore dell'anatomia comparata e della paleontologia dei vertebrati, ma anche uno degli uomini più potenti nella Francia del primo Ottocento.

Nel corso della sua carriera, Cuvier, indomito conservatore sia dal punto di vista politico che religioso, conseguì numerosi risultati scientifici. Fra i più importanti c'è sicuramente quello di aver stabilito con certezza che le specie si estinguono. Forse il fatto di aver viste tagliate tante teste di nobili e aristocratici durante la Rivoluzione francese lo convinse di questo. Cuvier, tuttavia, negò qualsiasi possibile trasformazione degli organismi viventi, ipotesi sostenuta invece in quegli anni da Lamarck, come vedremo meglio nel prossimo capitolo. Secondo Cuvier, la storia della Terra risultava caratterizzata da una serie di fasi normali, intervallate da brusche e repentine catastrofi. Le catastrofi avvenivano per volontà divina e, dunque, non era importante studiarne le cause, come pretendevano i costruttori di sistemi geologici, verso i quali lo scienziato francese nutriva un sincero disprezzo. Proprio alle catastrofi doveva essere attribuita la responsabilità dell'estinzione delle specie nel tempo. Per questo motivo gli strati della Terra celavano i resti di esseri assai diversi rispetto a quelli attuali. C'era un altro punto, inoltre, di cui non si poteva dubitare: le ricerche effettuate fino ad allora non avevano portato alla luce antichi fossili di esseri umani, semplicemente per il fatto che tali fossili non potevano esistere. Cuvier si rifiutò di credere che alcuni ritrovamenti di ossa, come ad esempio quelli effettuati da Lazzaro Spallanzani presso l'isola di Cerigo (la famosa Citera dell'antichità), potessero essere classificati in tal senso. L'uomo era una creatura comparsa sulla Terra (naturalmente meglio dire 'creata da Dio') abbastanza recentemente, probabilmente poco prima dell'ultima rivoluzione subita dal globo, il Diluvio universale.

Il ragionamento di Cuvier ruotava intorno ad un punto chiave: la convinzione della veridicità delle informazioni contenute nella Bibbia. Secondo lo scienziato francese, non poteva essere messo in discussione ciò che veniva riportato intorno al Diluvio: «Mosè pone una catastrofe generale, un'irruzione delle acque, una rigenerazione pressoché totale del genere umano, e colloca questo avvenimento soltanto quindici o sedici secoli prima del proprio tempo – quindi meno di cinquemila anni prima del nostro – stando ai testi che danno l'intervallo più lungo». Il racconto mosaico era confermato da numerose altre tradizioni, peraltro molto confuse: dalla mitologia egiziana alla storia di Deucalione ricordata dai Greci, fino alle «tracce di un diluvio» nei «grossolani geroglifici» degli Americani. Anche il mito di Atlantide narrato da Platone rappresentava uno dei tanti racconti inventati dai popoli antichi allo scopo di crearsi un passato autorevole; quel racconto, però, non doveva essere preso troppo sul serio. Esso, tutt'al più, serviva a testimoniare come gli Egizi avessero serbato il ricordo di una grande catastrofe, lo stesso cataclisma a cui tutte le civiltà del Mediterraneo facevano riferimento. Dopo tale immane catastrofe, «il ristretto numero di individui da questa risparmiati», si era «diffuso dalle terre nuovamente asciutte». Soltanto a partire da questa epoca le società avevano potuto intraprendere un «cammino progressivo».

In sostanza Cuvier, pur accettando la maggior parte dei risultati prodotti dalla geologia e dalla paleontologia del suo tempo, non sembrava disposto a fare alcuna concessione al tema dell'evoluzione delle specie e dell'antichità dell'uomo. Le specie erano fisse, immobili, stabili e la loro estinzione era dovuta esclusivamente a eventi catastrofici. Sotto questo profilo, il pensiero di Cuvier non era molto lontano dalle credenze di un uomo del Seicento. E anche da quelle di qualche uomo del XXI secolo.

Capitolo 5

La natura è mobile

«Il numero delle specie è in natura certo e determinato, come viene generalmente riconosciuto dai filosofi, e può essere provato anche sulla base della divina autorità: Dio infatti ha compiuto l'opera della creazione, cioè ha esaurito il numero delle specie, in sei giorni. L'uomo corregge e modifica continuamente le sue opere, mentre la natura riproduce sempre lo stesso modello, perché le sue opere sono così perfette che non c'è posto per miglioramenti». Così sentenziava, all'inizio del Settecento, il naturalista inglese John Ray.

Secondo la tradizione, il mondo che si presentava agli occhi degli uomini era più o meno simile a quello uscito dalle mani di Dio al momento della creazione. Il Diluvio universale, per quanto terribile e spaventoso, non aveva inciso sulla consistenza delle strutture primarie del globo. Fra queste, particolare importanza rivestivano le catene montuose originarie, che si estendevano da un polo all'altro, e da est verso ovest. Montagne come l'Ararat, dunque, esistevano da sempre e non risultavano soggette a modificazioni. Naturalmente, formazioni di altra natura potevano subire vari tipi di cambiamento.

Fig. 10. Athanasius Kircher,
L'interno della Terra.

Questa era perlomeno la posizione di un autorevole interprete dei testi sacri, il gesuita Athanasius Kircher: «Senza dubbio il testo sacro insegna perfettamente che la Terra fu dotata, fin dall'inizio, di monti; ricorda, infatti, il monte Ararat; ricorda l'altezza delle acque, sollevatesi, durante il cataclisma, di quindici cubiti al di sopra di tutti i monti in tutta la Terra. Se, dunque, il cataclisma delle acque coprì i monti, essi vi erano già prima di esso». Per quanto riguarda l'interno del globo, Kircher riteneva che al centro ci fosse un grande fuoco, mentre molti altri fuochi periferici erano contenuti in caverne comunicanti con la superficie attraverso i condotti vulcanici. Altre caverne erano invece collegate al fondo del mare o situate all'interno delle montagne, e davano origine ai fiumi.

Nato a Geisa in Germania nel 1602, Kircher era entrato a far parte della Compagnia di Gesù all'età di quattordici anni. Nel 1635 si era quindi trasferito presso il Collegio Romano, la celebre istituzione fondata nel 1550. Nella scuola di formazione dell'ordine gesuitico, Kircher insegnò matematica e lingue orientali (ben noto il suo tentativo di interpretare i geroglifici), e si occupò intensamente di storia naturale, la disciplina volta all'osservazione e alla classificazione del regno animale, vegetale e minerale, anche nelle sue manifestazioni più stravaganti e fantastiche.

L'obiettivo dei cultori di storia naturale era costituito dalla raccolta e dalla classificazione di animali, piante e minerali appartenenti a tutte le regioni del pianeta, secondo lo schema della creazione divina. In sostanza, si trattava di un grande inventario del mondo. Una visione della natura assolutamente statica. È vero che le cose nascono, crescono e muoiono, ma lo fanno all'interno di un processo circolare che non produce mai niente di nuovo. L'idea di fondo è quella che Dio abbia creato una scala degli esseri, un insieme di forme che sfumano gradatamente l'una nell'altra, ma prive di rapporti diretti fra loro dal punto di vista evolutivo. Il progetto di tutte le forme possibili deriva esclusivamente dalla mente divina. Il mondo è bello, perfetto, armonico. Ogni cosa è stata creata per uno scopo e l'uomo è il punto centrale di tale creazione. Come sostiene Pangloss nel *Candido* di Voltaire, il naso è stato creato da Dio perché l'uomo potesse mettervi sopra gli occhiali. Secondo questa visione, la natura ha un preciso fine (o, come direbbe oggigiorno qualcuno, è frutto di un 'progetto intelligente'). Sia gli oggetti del mondo inorganico che le specie del regno vegetale e animale non mutano mai le loro caratteristiche. Gli unici mutamenti in questo scenario possono essere determinati in genere da catastrofi (ad esempio i terremoti), che nell'interpretazione di molti avevano uno scopo punitivo nei confronti dell'umanità. La più grande di tali catastrofi è stata il Diluvio universale. In quell'occasione, grazie a Noè, sono sopravvissuti gli esemplari di tutti gli esseri appartenenti al regno animale. I minerali e i vegetali, invece, non hanno avuto bisogno di essere messi in salvo. Ma davvero l'arca aveva potuto contenere i rappresentanti di tutte le specie animali esistenti sulla Terra?

Kircher cercò di risolvere l'enigma. Sulla base delle dimensioni fornite dalla Bibbia, era impossibile che nell'arca fossero stati ospitati tutti gli esseri che attualmente popolano il mondo. Si doveva perciò procedere a una serie di esclusioni, individuando le specie che potenzialmente avevano potuto salvarsi senza essere imbarcate, ad esempio gli animali acquatici. C'erano inoltre gli organismi da molti ritenuti frutto di una semplice generazione spontanea, come gli insetti; ma questa teoria comportava non pochi rischi di eresia. Infine, molte specie che si ritenevano 'primarie' erano probabilmente ibride: la giraffa, ad esempio, forse costituiva il risultato dell'incrocio tra un leopardo e un cammello.

Le difficoltà incontrate da Kircher ci fanno capire perché, nel corso del tempo, i criteri alla base della storia naturale divennero meno semplicistici e più raffinati. Rinunciando all'idea del catalogo generale, gli studiosi si concentrarono su un progetto diverso: selezionare un numero ristretto di caratteri per classificare il mondo naturale. Questo progetto arrivò a compimento con il celebre Carl von Linné, meglio conosciuto come Linneo.

In primo luogo, lo scienziato svedese ideò un sistema ordinato di classificazione degli esseri viventi che, in breve, grazie alla sua efficacia, venne adottato da tutti i naturalisti. Lo schema era il seguente: classi, ordini, generi, specie, varietà. Linneo rivoluzionò interamente la nomenclatura naturalistica, così come avrebbe fatto Lavoisier per la chimica. Prima di Linneo, per denominare i vegetali, si utilizzava la cosiddetta «designazione diagnostica», una lunga frase che aveva il compito di descrivere in maniera pressoché completa l'ente di cui ci si stava occupando. Talvolta, per indicare una pianta

Fig. 11. Athanasius Kircher, *L'arca di Noè*. In basso, particolare dell'interno dell'arca con la disposizione degli animali.

erano necessarie fino a quindici parole. Già alcuni naturalisti avevano cercato di opporsi alla vecchia nomenclatura e all'uso di frasi interminabili che era «impossibile pronunciare senza riprender fiato», ma fu Linneo a proporre l'idea di introdurre l'impiego di una coppia di termini (una specie di cognome e nome) per identificare animali e vegetali. Il primo termine indicava il genere di appartenenza, il secondo la specie: ad esempio *Homo*, il genere, *sapiens*, la specie. A questo proposito il naturalista svedese fin dalla prima edizione del suo *Systema naturae* (*Sistema della natura*), uscito nel 1735 (un testo fortunatissimo, con numerose edizioni), classificò il genere *Homo* nell'ordine dei *Primates* (e quindi all'interno del regno animale), affermando come non esistesse «un solo carattere» che consentisse di «distinguere l'uomo dalla scimmia antropomorfa». Le differenze, dunque, se esistevano, andavano cercate altrove.

Grazie a questo metodo, che viene utilizzato ancora oggi, tutti gli esseri viventi potevano essere inquadrati all'interno di un sistema aperto anche all'inclusione di nuove specie. Tale sistema venne progressivamente ad assumere una struttura a forma di «rete» o «mappa», che mise in crisi l'antica idea della scala degli esseri, e che aprì la strada alla formulazione di innovative ipotesi evoluzionistiche, nonostante le ripetute dichiarazioni di Linneo a favore della fissità delle specie e del creazionismo. Secondo Buffon la natura, nel suo complesso, non era statica, ma dinamica. Anche gli esseri viventi erano soggetti a continue trasformazioni. Egli riteneva che le specie cambiassero nel corso del tempo a causa di un processo di degenerazione: le scimmie, ad esempio, erano esseri umani degenerati. Una tale modificazione era probabilmente dovuta all'influenza dell'ambiente esterno sugli organismi. Oggi sappiamo che quella di Buffon era una prospettiva errata, ma l'idea vincente fu quella di ritenere che le specie potessero cambiare nel tempo.

Difficilmente nella storia della scienza troviamo, al momento della loro formulazione, teorie definite e perfette come quelle che ci vengono presentate nei manuali. La formazione del sapere scientifico è molto più problematica e storicamente complessa di quello che le ricostruzioni logiche vorrebbero. Spesso capita che gli scienziati giungano a conclusioni corrette partendo da premesse sbagliate. Ma anche le grandi idee vincenti subiscono significativi cambiamenti nel corso del tempo. La scienza si perfeziona continuamente; questo non significa che non funzioni o non ci dica niente sul mondo. La straordinaria forza della scienza sta proprio nella sua 'non perfezione', come ben sapeva Giacomo Leopardi, che il 1° settembre 1826 scrisse: «Il detto del Bayle, che la ragione è piuttosto uno strumento di distruzione che di costruzione, si applica molto bene, anzi ritorna a quello che mi par di aver osservato altrove, che il progresso dello spirito umano dal risorgimento in poi, e massime in questi ultimi tempi, è consistito, e consiste tutto principalmente, non nella scoperta di verità positive, ma negative in sostanza; ossia, in altri termini, nel conoscere la falsità di quello che per lo passato, da più o men tempo addietro, si era tenuto per fermo, ovvero l'ignoranza di quello che si era creduto conoscere».

All'inizio dell'Ottocento la scienza stava iniziando a rimediare proprio a uno degli errori di valutazione commessi nel passato, cioè a capire che la natura non era così stabile e perfetta come avevano creduto generazioni di filosofi e studiosi. Le specie, molto probabilmente, si trasformavano. Lamarck seguì l'indicazione di Buffon che le creature viventi potevano essere soggette a modificazioni, abbandonando tuttavia l'idea che le trasformazioni avessero a che fare con delle degenerazioni. I cambiamenti nelle specie, al contrario, erano causati da processi di adattamento, dovuti all'interazione fra le specie e l'ambiente. Secondo Lamarck, i mutamenti dell'ambiente creavano nuove necessità, alle quali gli individui di ogni specie rispondevano impiegando, in modi diversi, i loro organi, che si modificavano per effetto del loro uso o disuso. Le modificazioni acquisite si trasmettevano quindi alle generazioni successive per via ereditaria (un'idea, questa, sostenuta almeno fin dai tempi di Ippocrate). Classico è l'esempio della giraffa: nel corso di diverse generazioni, le giraffe, a seguito degli sforzi compiuti per arrivare alle foglie degli alberi, avevano allungato progressivamente il loro collo fino alle dimensioni attuali. Il carattere acquisito in base all'azione eseguita, infatti, si trasmetteva alla generazione seguente, e così via.

Lamarck impostò la sua teoria sulle interazioni fra organismo e ambiente secondo uno schema che poteva essere verificato direttamente sulla base dell'esperienza. Per questo motivo Darwin fu in grado di modificarla, all'interno di un quadro condiviso, quello che la storia delle specie fosse legata a meccanismi di trasformazione. Così scriveva Lamarck: «È stato definito specie ogni gruppo di individui simili e generati da altri individui simili ad essi. Questa definizione è esatta: infatti ogni individuo che ha il dono della vita assomiglia sempre a quello o a quelli da cui è stato generato. Ma a questa definizione si aggiunge l'ipotesi che gli individui che compongono una specie non mutino mai le loro caratteristiche specifiche e che di conseguenza la specie sia assolutamente costante in natura. È solo questa ipotesi che mi propongo di combattere, poiché prove evidenti ottenute mediante l'osservazione dimostrano che essa è infondata».

Charles Darwin, nato a Shrewsbury, nel Kent, il 12 febbraio 1809, dopo aver frequentato per un certo periodo i corsi di medicina all'Università di Edimburgo, si trasferì nel 1828 a Cambridge, con la prospettiva di diventare pastore della Chiesa anglicana. Ma cambiò idea e si dedicò alla sua principale passione, gli studi naturalistici. L'occasione che incise profondamente sulla carriera del giovane Charles fu il celebre viaggio intorno al mondo sul brigantino *Beagle*, effettuato dallo studioso inglese in qualità di naturalista ed accompagnatore del capitano Robert Fitzroy. La spedizione si svolse dal 27 dicembre 1831 al 2 ottobre 1836 e condusse Darwin anche alle isole Galápagos, tappa fondamentale per la costruzione della sua teoria della selezione naturale. Tuttavia, quello che in genere si dimentica è che il primo interesse di Darwin, anche nel corso di quella spedizione, fu la geologia, cioè «la parte più interessante della storia naturale», come avrebbe affermato nel corso dell'esplorazione di Santiago, l'isola principale dell'arcipelago di Capo Verde. Proprio dall'esame geologico di quest'isola, Darwin iniziò a concepire le vicende della superficie terrestre in maniera simile ad un processo caratterizzato da un lento e costante susseguirsi di innalzamenti e abbassamenti, all'interno del quale gli eventi catastrofici (terremoti, eruzioni, diluvi), rappresentavano una causa secondaria. Un processo che aveva avuto bisogno di molto tempo per produrre delle variazioni significative, come confermavano le osservazioni sulle rocce vulcaniche e gli strati di lava dell'isola.

Nel formarsi le sue convinzioni in ambito geologico, Darwin fu influenzato dalla teoria di Charles Lyell, uno dei suoi grandi maestri. Opponendosi al catastrofismo di Cuvier, Lyell aveva riproposto e sviluppato l'ipotesi, avanzata tra gli altri anche da James Hutton, secondo la quale i cambiamenti antichi e presenti del globo erano soprattutto dovuti a una serie di cause uniformi e continue. Il viaggio non fece altro che rafforzare le posizioni teoriche di Darwin. Al suo ritorno, il naturalista inglese fu nominato membro della Geological Society (ne sarà il segretario dal 1838 al 1841), per la quale realizzò importanti contributi scientifici, fra cui la spiegazione della formazione delle scogliere coralline. Nel frattempo, Charles iniziò a dedicarsi con particolare interesse alla questione delle specie e alla teoria dell'evoluzione. Ma le problematiche geologiche continuarono a rappresentare un punto di riferimento essenziale per la sua riflessione.

Negli anni Quaranta Darwin aveva già abbandonato l'idea della fissità delle specie. Tuttavia, c'era una questione ancora (se possibile) più spinosa che lo rendeva inquieto: l'evoluzione ha o non ha una direzione? Questo sarà il punto di maggior discontinuità fra Darwin e i precedenti (ma anche futuri) teorici dell'evoluzione delle specie. In una lettera del 1844 all'amico Joseph Hooker, Darwin dimostrava di aver ormai abbandonato questa convinzione: «Infine è giunto qualche barlume di luce e sono quasi convinto (in totale contrasto con la mia opinione iniziale) che le specie non sono (è come confessare di aver commesso un assassinio) immutabili. Che il cielo mi preservi dalle assurdità di Lamarck». Fra queste, sottolineava Darwin, «la tendenza al progresso». Lamarck pensava che l'evoluzione seguisse un percorso prestabilito, dovuto a una sorta di impulso interno insito negli organismi. Darwin negò che l'evoluzione potesse avere un'innata e preordinata tendenza verso una specifica direzione. Così facendo, ha giustamente sottolineato Gilberto Corbellini, anche il naturalista inglese riuscì «a pensare contro il senso comune» (al pari di Galileo e altri scienziati), questa volta in relazione al «piano del meccanismo evolutivo». Era il colpo finale all'antropocentrismo. Non deve sorprendere, quindi, che anche molti convinti evoluzionisti abbiano rifiutato questa specifica conseguenza dell'opera darwiniana. È importante sottolineare la portata rivoluzionaria della teoria di Darwin rispetto a tutta la precedente tradizione evoluzionistica. A tale proposito va ricordato come la parola «evoluzione» non compaia mai nell'*Origine delle specie*. A Darwin, infatti, non interessava mostrare l'evidenza dell'evoluzione, ma il funzionamento dei suoi meccanismi. Per questo, nel corso del testo, egli si affidò a espressioni molto più tecniche, quali «discendenza con modificazioni» e «teoria della selezione naturale».

Se Darwin aveva raggiunto questa convinzione nel 1844 (e già da due anni aveva iniziato a utilizzare il termine «selezione»), perché *On the origin of species*, destinato a diventare uno dei libri più famosi di tutti i tempi (la prima edizione di 1250 copie andò esaurita il giorno stesso della sua pubblicazione), uscì soltanto nel 1859? Darwin era un uomo prudente e riteneva necessario accumulare il numero più grande possibile di prove a sostegno della sua teoria. Proprio nel 1844, ad esempio, apparve anonimo (l'autore era Robert Chambers) un volume dal titolo *Vestigia della storia naturale della creazione*, le cui idee evoluzionistiche vennero duramente criticate (nonostante questo il libro ebbe un grandissimo successo, nel 1853 era già alla decima edizione). Chissà, forse Darwin non avrebbe mai pubblicato niente se non vi fosse stato costretto. Nella sua autobiografia ricordava: «Nei primi mesi del 1856, Lyell mi consigliò di scrivere piuttosto esattamente le mie idee e io incominciai subito a farlo, con un'ampiezza tre o quattro volte superiore a quella che adottai nella stesura definitiva dell'*Origine delle specie*; tuttavia era solo un compendio del materiale che avevo raccolto, e per circa la metà di questo lavoro continuai ad attenermi a tali proporzioni. Ma i miei progetti furono sconvolti, perché all'inizio dell'estate del 1858 il signor Wallace, il quale allora si trovava nell'arcipelago malese, mi mandò

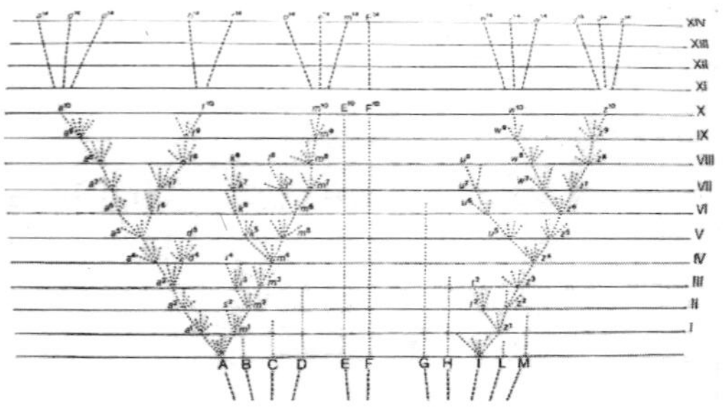

Fig. 12. Charles Darwin,
Gli effetti del principio di divergenza, 1859.

un saggio: *Sulla tendenza delle varietà a distaccarsi indefinitamente dal tipo originale*, in cui esponeva una teoria identica alla mia». Darwin fu quindi costretto ad accelerare i tempi. Col senno di poi, avrebbe valutato questo episodio in termini positivi: «Fu un grande vantaggio per me rimandare la pubblicazione dal 1839, anno in cui la teoria fu chiaramente concepita, al 1859. Non ne ho avuto alcuno svantaggio, perché poco mi sono preoccupato se sia stata attribuita maggiore originalità a me o a Wallace, e non vi è dubbio che il suo saggio sia servito a rendere più accettabile la mia teoria». Del resto, in seguito, Alfred Russel Wallace, in relazione al problema dell'origine dell'uomo, si sarebbe allontanato proprio da quella che era la caratteristica rivoluzionaria della teoria della selezione naturale. Ma come funziona in sostanza questa teoria?

Riprendiamo il celebre esempio delle giraffe. Il progressivo allungamento del loro collo non era dovuto allo sforzo compiuto per raggiungere le foglie degli alberi sulla base di un bisogno o di una necessità (questa era l'idea di Lamarck). Le cose andavano in maniera diversa. Secondo Darwin, infatti, per comprendere il meccanismo dell'evoluzione, era necessario soffermarsi non sull'analisi delle specie in quanto tali, ma sulle variazioni che caratterizzano i singoli individui; nel caso specifico delle giraffe, sul fatto che ognuna avesse un collo leggermente diverso dalle altre. Tale variabilità delle caratteristiche individuali poteva risultare un vantaggio o uno svantaggio. Le giraffe dotate di caratteristiche che avevano permesso loro di adattarsi all'ambiente avevano potuto sopravvivere; le altre erano morte. Le giraffe sopravvissute erano state in grado di trasmettere il patrimonio ereditario alla discendenza. L'evoluzione, fino a quel momento, sembrava aver favorito la sopravvivenza e lo sviluppo di giraffe dal collo più lungo. Tuttavia, una caratteristica favorevole, improvvisamente, al mutare dell'ambiente, poteva diventare uno svantaggio.

Come ha ben specificato Francesco Cavalli-Sforza, l'espressione più appropriata per definire il processo di selezione naturale non è quella, fuorviante, che fa riferimento alla «sopravvivenza del più adatto». Molto meglio parlare di «sopravvivenza del più fortunato». I dinosauri, ad esempio, «erano perfettamente adattati agli ambienti terrestri, erano una forma di vita dominante da più di 150 milioni di anni, quando scomparirono in un tempo brevissimo, 60 milioni di anni fa, a seguito di un cataclisma, alle cui conseguenze il loro organismo non aveva possibilità di adattarsi. Sopravvissero bene invece piccoli organismi a sangue caldo, i mammiferi, ed è quella lontanissima catastrofe che ha 'fatto spazio' agli antenati dei nostri antenati, che si ritrovarono casualmente ad essere 'più adatti' alle mutate condizioni ambientali». L'evoluzione, quindi, non ha alcuna direzione, ma è il prodotto casuale delle interazioni fra caratteristiche ereditarie degli individui e ambiente esterno. Piccole diversità possono fare un'enorme differenza e, nel corso di un tempo lunghissimo, dare vita a sensibili modificazioni, dando origine a nuove specie.

Naturalmente, anche in questo caso, è bene ricordare che la struttura dell'opera di Darwin è ben diversa da quella oggi insegnata nelle scuole e non fu esente da errori, così come non lo furono le grandi costruzioni teoriche di Galileo e Lavoisier. Secondo Galileo, la prova decisiva e inconfutabile del sistema copernicano doveva essere la sua teoria delle maree, che noi sappiamo essere sbagliata. Lavoisier, dal canto suo, pensava che tutti gli acidi fossero costituiti da ossigeno, cioè il principio generatore dell'acidità. Ma questi errori (che comunque al tempo della loro formulazione costituivano ipotesi del tutto plausibili e sensate) non hanno reso meno vere le teorie di Galileo o Lavoisier, teorie che, nel corso del tempo, grazie all'opera di molti scienziati, sono state confermate da un numero crescente di prove ed esperimenti. Allo stesso modo, quando Darwin cercò di spiegare la natura, l'origine e il modo di trasmissione delle variazioni, fece ricorso a spiegazioni sicuramente plausibili per l'epoca, ma commettendo quelli che noi oggi sappiamo essere degli errori. Al tempo di Darwin la genetica (nonostante Mendel) ancora non esisteva. Quando, a partire dai primi del Novecento, questa disciplina iniziò a svilupparsi e consolidarsi, essa non solo permise di correggere gli 'errori' di Darwin, ma fornì tutta una serie di conoscenze che non fecero altro che rafforzare la validità della teoria della selezione naturale, determinando la sua unanime accettazione da parte della comunità scientifica. Se nuove, convincenti prove, metteranno un giorno in discussione la teoria della selezione naturale, gli scienziati non esiteranno certo a prenderle in considerazione.

Negli stessi anni in cui la teoria darwiniana iniziava

a farsi strada e a diventare popolare, nell'ambito degli studi di fisica si stava preparando una rivoluzione di importanza paragonabile a quella in campo biologico, che apparentemente poteva sembrare contraddire i risultati raggiunti dall'evoluzionismo.

Nei primi decenni dell'Ottocento, l'analisi del funzionamento della macchina a vapore, il simbolo della rivoluzione industriale che aveva preso il via in Inghilterra a partire dagli anni Settanta del Settecento, aveva stimolato lo studio dei fenomeni termici e delle relazioni fra i vari tipi di energia. Infatti, soltanto una piccola parte del combustibile bruciato risultava utile al funzionamento delle macchine, mentre una gran quantità di esso andava perduto sotto forma di calore di scarico. Che rapporto c'era tra il calore generato dalla combustione del carbone e la forza motrice che tale combustione poteva produrre? Dove andava a finire il calore perduto? Le ricerche svolte contemporaneamente e in maniera indipendente da molti scienziati portarono alla creazione di una nuova branca della fisica. Prima di tutto venne dimostrato che, in termini generali, la quantità di energia totale nell'universo era costante e non poteva essere distrutta, ma solo trasformata. È il primo principio della termodinamica. Nel 1850 Rudolph Clausius dimostrò quindi che, in qualsiasi trasformazione, parte dell'energia andava sempre persa sotto forma di calore e non poteva più essere recuperata. Di conseguenza, esisteva un fenomeno di degradazione dell'energia in calore. Lo scienziato tedesco aveva così individuato il secondo principio della termodinamica. Nel 1865 Clausius introdusse il termine «entropia» (dal greco, «trasformazione») per caratterizzare tale principio: un sistema isolato tende a 'evolvere' verso stati di sempre maggior entropia.

Le conseguenze scientifiche e filosofiche del secondo

principio della termodinamica cambiarono il modo di guardare ai sistemi fisici e alla costituzione dell'universo. Nell'ambito della fisica di Newton, infatti, le leggi che descrivono, sulla base dello stato presente, il passato e il futuro di un sistema sono simmetriche rispetto al fattore variabile rappresentato dal tempo (nell'universo newtoniano, in sostanza, le cose possono funzionare anche a rovescio). Il secondo principio della termodinamica prevede invece che il tempo scorra in una specifica direzione rispetto al fenomeno considerato, determinando la sua irreversibilità. È la cosiddetta «freccia del tempo». Nella fisica della termodinamica non si torna mai indietro, né nella stessa condizione di partenza.

William Thomson, futuro Lord Kelvin (colui che fornì la prima organica sistemazione della termodinamica), studiando il problema della dissipazione dell'energia solare, utilizzò le leggi della nuova scienza per tentare di dare una risposta alla questione dell'evoluzione della vita sulla Terra. Secondo le sue stime, l'età del Sole non poteva superare alcune decine di milioni di anni, al massimo un centinaio. I fossili, dal canto loro, non potevano avere più di 20 milioni di anni, il che rappresentava una cifra assai ridotta rispetto a quella richiesta dalla teoria della selezione naturale. Per Darwin, infatti, l'evoluzione aveva avuto bisogno di tempi molto più lunghi per realizzarsi. Kelvin si oppose così al darwinismo, che avversava anche sulla base di motivazioni religiose. Secondo Kelvin, la teoria dell'evoluzione era un pericoloso strumento di diffusione del materialismo e dell'ateismo (tra l'altro, ce l'aveva anche con gli atomisti). In seguito, i calcoli di Kelvin si sarebbero rivelati inadeguati. Tuttavia, la sua opera contribuì a dimostrare come la fisica e le concezioni evoluzionistiche in ambito biologico fossero indissolubilmente legate fra loro.

Questo legame avrebbe fatto sorgere altre problematiche di non facile risoluzione. La presenza di vita nell'universo, infatti, sembrava non conciliarsi con l'idea di una crescita dell'entropia. Non esisteva una contraddizione fra l'evidente e complessa organizzazione degli esseri viventi e il secondo principio della termodinamica? No, non esisteva. Infatti, come i biologi avrebbero dimostrato, è proprio il principio della selezione naturale, grazie alla sua capacità di accelerare i processi evolutivi, a consentire agli organismi viventi la possibilità di vincere, seppur in un contesto e in un periodo (relativamente) limitato, la tendenza generale all'entropia. Così almeno si esprimeva Jacques Monod, premio Nobel per la Medicina nel 1965, nel libro che ha suscitato il più vasto dibattito sull'opera darwiniana nel mondo scientifico e filosofico, *Il caso e la necessità*, pubblicato nel 1970.

Nel corso del Novecento, l'evoluzionismo ha trovato sempre più punti di contatto con la fisica e la cosmologia e oggi abbiamo numerosi elementi per spiegare come il nostro universo si è trasformato a partire dal suo stato iniziale fino ad assumere il suo aspetto attuale. Secondo George V. Coyne, direttore della Specola Vaticana dal 1978 al 2006, tutto il nostro universo fa parte di «un'epoca di antientropia», perché «si sta ancora strutturando insieme alle galassie e alle stelle». Un processo, questo, che segue in tutto e per tutto le leggi dell'evoluzione: «dal momento in cui la teoria del big bang è stata suffragata da dati empirici, abbiamo potuto prendere atto del fatto che l'universo si evolve e che dunque vi è un'epoca della nascita delle galassie, un'epoca della nascita dei pianeti, un'epoca della nascita della vita primitiva e un'epoca della nascita della persona umana, ossia della vita in questa sua specifica forma. Si parla dunque dell'evoluzione fisica e cosmologica, poi di quella chimica e biologica. Nell'ordine del tempo le ultime seguono alle prime, anche se l'evoluzione cosmologica, naturalmente, continua tuttora. L'evoluzione chimica è tuttavia importantissima, perché è quella che ha condotto alla vita».

Alcuni scienziati ritengono che l'evoluzionismo possa addirittura diventare uno strumento fecondo per interpretare non soltanto lo sviluppo dell'universo, ma la natura stessa della fisica. Secondo Lee Smolin, fisico teorico, uno dei massimi esperti mondiali nel campo della relatività e della meccanica quantistica, è necessario abbandonare l'idea di un universo regolato da leggi immutabili, per lasciare spazio, anche in questo ambito, alla teoria della selezione naturale: «Nel XIX secolo, i biologi abbandonarono l'idea delle specie come categorie eterne e la rimpiazzarono con una visione dinamica in cui il mondo vivente si costruisce da solo attraverso il processo della selezione naturale. Essi ottennero così un quadro concettuale molto più razionale per la biologia, un quadro in cui ora le proprietà degli esseri viventi trovavano una ragion d'essere, ragioni ricostruibili conoscendone la storia. A un platonista (che confonde la razionalità con l'invenzione di un mondo immaginario di idee eterne) le cose non sembreranno forse stare in questo modo, ma i biologi e i geologi hanno imparato una lezione di valore inestimabile: riconducendo i fenomeni nel tempo, rendendoli dinamici e contingenti, diventa possibile una loro comprensione più razionale e più completa. Secondo me un simile slittamento concettuale dovrebbe aver luogo anche nel modo di concepire la fisica e la cosmologia. Le stesse leggi di natura, come le specie biologiche, potrebbero essere non categorie eterne, ma piuttosto creazioni di processi naturali verificatisi nel corso del tempo. Ci saranno pure delle ragioni perché le leggi della fisica sono quelle che sono, ma queste ragioni potrebbero essere almeno in parte storiche e contingenti, come nel caso della biologia».

Già, ma l'uomo che ruolo ha in tutto questo meccanismo? È soggetto anch'esso alla selezione naturale, come tutte le altre specie biologiche, oppure se ne può tirare fuori, come se fosse un'eccezione?

Capitolo 6

Il posto dell'uomo nella natura

Un momento decisivo delle esplorazioni portoghesi nel Quattrocento fu rappresentato dal passaggio dell'equatore, intorno agli anni Settanta del secolo. Il passaggio contribuì a distruggere una particolare credenza: la inabitabilità degli antipodi. Al contrario del mito della Terra piatta (al quale quasi nessuno credeva), il problema se gli antipodi fossero abitati oppure no dette vita ad una complessa controversia durante il Medioevo. La teoria più accreditata prevedeva l'esistenza di cinque fasce climatiche: le zone fredde ai poli, le due intermedie temperate e quella caldissima all'equatore, con temperature insopportabili per l'uomo: una invalicabile barriera di calore fra un emisfero e l'altro. Di conseguenza, o gli antipodi non erano abitati, oppure i suoi abitanti non potevano essere completamenti umani, poiché i discendenti di Noè, dopo il Diluvio universale, non avrebbero mai potuto raggiungere quelle zone. In realtà, gli antipodi si rivelarono molto affollati.

Problematiche della stessa natura si presentarono dopo la scoperta dell'America. Una volta chiarito che il Nuovo Mondo era un continente frapposto fra l'Europa e le Indie Orientali, prese l'avvio un dibattito sul modo in cui i nativi americani avevano potuto giungere in quelle terre dopo il ripopolamento della Terra seguito al Diluvio universale. Per molti interpreti una spiegazione razionale al problema poteva essere data utilizzando il celebre mito di Atlantide narrato da Platone intorno al 360 a. C: «Allora, infatti, quel mare lontano era navigabile, giacché vi era un'isola davanti allo stretto che voi chiamate, a quanto dite, Colonne d'Ercole, e questa isola era più grande della Libia e dell'Asia insieme, e da essa era possibile ai navigatori di allora di passare alle altre isole, e da queste all'intero continente che vi si trova di fronte e che circonda quel mare che è il vero mare». La descrizione di Platone non sembrava dare adito a dubbi: nei tempi antichi era esistita una grande isola nell'Oceano Atlantico, posta di fronte allo Stretto di Gibilterra, e oltre quest'isola si trovava un vero e proprio continente. Colombo, dunque, aveva semplicemente riscoperto un luogo di cui gli antichi erano già a conoscenza. Probabilmente gli arcipelaghi e le isole dell'Atlantico rappresentavano i resti di quel territorio sprofondato nel mare, come aveva raccontato il filosofo greco.

Atlantide diventava il ponte attraverso il quale i discendenti di Noè avevano potuto giungere dal Vecchio fino al Nuovo Mondo. Perché se così non fosse stato, chi erano allora gli abitanti dell'America? Come erano stati generati? Accentuare il carattere di indipendenza delle nuove terre scoperte, rispetto ad altre zone del mondo già conosciute, significava automaticamente rompere i legami fra la storia dei popoli americani e la Bibbia. Potevano gli uomini che abitavano le terre del Nuovo Mondo avere un'origine che non si ricollegava a quella dei discendenti di Noè, in primo luogo, e quindi di Adamo? Affermare questa possibilità significava lasciare aperto lo spazio a una terribile idea eretica, il poligenismo (l'ipotesi che ci fossero stati più centri di creazione della specie umana), mettendo in discussione il valore universale della storia sacra. L'ipotesi sostenuta dalla tradizione religiosa era quella di una derivazione unica delle razze (monogenesi). Non furono quindi in pochi coloro che decisero di schierarsi a favore della teoria del ponte atlantico. Presupporre l'esistenza di un'antica terra fra il Vecchio ed il Nuovo Mondo sembrava una spiegazione che si adattava meglio alle esigenze interpretative poste dalle Sacre Scritture, presentando una spiegazione razionale del popolamento americano, senza venire meno all'assioma del monogenismo biblico. Curiosamente, molto meno convincente risultava, in quegli anni, l'ipotesi destinata a rivelarsi corretta, cioè la possibilità di un passaggio dell'uomo in America, grazie alla vicinanza dell'estremità orientale del continente asiatico con il Nuovo Mondo. Il gesuita José de Acosta non aveva dubbi su questo, anche da un punto di vista cronologico e antropologico: «Ritengo che gli uomini abitino il Nuovo mondo e le Indie occidentali da non molte migliaia di anni e che i primi che vi giunsero fossero più uomini selvaggi e cacciatori che non gente che vivesse unita e conoscesse il vivere civile e le sue leggi». Tuttavia, fino alle esplorazioni di Vitus Bering (da cui prende nome il celebre 'Stretto'), nei primi decenni del Settecento, la conoscenza dei confini orientali del continente asiatico fu approssimativa e lasciò molti studiosi perplessi nei confronti dell'ipotesi formulata da Acosta.

Nel corso dell'età moderna, anche gli studi sull'uomo rappresentarono un capitolo della storia naturale. Studiare e comprendere i tratti distintivi dei popoli extraeuropei, in particolare quelli del Pacifico, si rilevò un compito molto più difficile della messa a punto di nuove carte geografiche. Gli esploratori e i viaggiatori spesso trattarono gli 'altri' come 'diversi', non disponendo ancora degli apparati teorici e sperimentali che soltanto l'antropologia e l'etnologia moderne – un secolo più tardi – sarebbero state in grado di fornire. I pregiudizi degli europei erano infiniti. Fra questi, c'era quello, di origine biblica, secondo cui i neri costituivano una razza naturalmente inferiore, a giustificazione di secoli di schiavitù e di sfruttamento. Bougainville, ad esempio, scrisse: «Abbiamo osservato nel corso di questo viaggio che in genere gli uomini neri sono molto più cattivi di quelli il cui colore si avvicina al bianco». Un centinaio d'anni dopo, i resoconti degli esploratori non riportavano pareri molto diversi. Ecco cosa scriveva l'italiano Giuseppe Forni nel diario del suo viaggio in Egitto e nell'Alta Nubia pubblicato nel 1859: «Hanno essi limitata la mente, le idee d'un ordine un poco elevato non entrano nella lor comprensiva; inetti a discutere sino gli argomenti di secondaria importanza, strisciano rasente a terra, si appassionano per vili interessi, dando gran peso a' più lievi nonnulla».

Una delle domande (fondata naturalmente su presupposti errati) che più angosciò viaggiatori e filosofi era questa: perché, pur avendo tutti la stessa origine, alcuni popoli della Terra si trovavano ancora allo stato selvaggio? Al di là delle credenze di natura religiosa, ricavabili da un'interpretazione letterale della Bibbia, era necessario formulare una spiegazione di tipo scientifico che salvasse il paradigma del monogenismo. Due erano le argomentazioni in genere impiegate per dare una risposta al problema: 1) i selvaggi erano uomini rimasti bloccati allo stato di natura, una condizione in cui sembravano assenti le strutture sociali, politiche e giuridiche che caratterizzavano lo stato di civilizzazione; 2) i selvaggi erano uomini degenerati, per una serie di motivi allontanatisi dalla vera essenza dell'umanità, fino a diventare, in certi casi, qualcosa di completamente diverso. L'interpretazione della condizione del selvaggio nello stato di natura rappresentò uno dei grandi dibattiti dell'età moderna. Lo stato di natura fu di volta in volta interpretato come la situazione ideale per la vita dell'uomo, lontano dalla corruzione della morale e dei costumi tipica della civiltà europea, oppure come una condizione ferina e bestiale, che andava necessariamente superata attraverso la creazione della società.

La questione del popolamento del continente americano, che aveva rappresentato un problema di enorme portata al momento della scoperta del Nuovo Mondo, era ancora ben viva nel Settecento, nonostante l'imponente numero di teorie formulate fin dalla scoperta di Colombo. Giambattista Vico, ad esempio, scrisse che lo stato ferino e bestiale in cui gli uomini erano caduti in seguito al Diluvio universale si era protratto soltanto per cento o duecento anni per gli abitanti del mondo antico (una condizione da cui era naturalmente rimasto escluso il popolo ebraico), ma molto più a lungo per quelli del Nuovo Mondo. L'America, venendosi a trovare lontano dal centro della dispersione del genere umano dopo la catastrofe biblica, era stata popolata con notevole ritardo. Alcuni ritenevano che la 'giovinezza' degli Americani fosse dovuta a un diluvio che aveva sommerso l'America in tempi geologicamente recenti. Per altri, gli abitanti del Nuovo Mondo erano esclusivamente dei degenerati. Nella maggior parte dei casi, non si riteneva che le civiltà precolombiane fossero particolarmente antiche.

Nonostante questi dibattiti, l'evoluzione del sapere scientifico nel corso della seconda metà del XVIII secolo si rifletterà nell'atteggiamento e nella consapevolezza dei viaggiatori, contribuendo, fortunatamente, a far emergere come disciplina specifica l'antropologia dalla storia naturale, e a demolire una lunga e consolidata serie di pregiudizi sulle popolazioni extraeuropee. Tale opera di demolizione fu favorita dalla capacità degli stessi indigeni di interagire in maniera costruttiva con gli sconosciuti viaggiatori (che così diventarono a loro volta oggetto di studio), facendo emergere capacità conoscitive e culturali del tutto insospettate per gli europei. La categoria astratta di 'selvaggio' progressivamente scomparve.

Grandi meriti in questo senso vanno riconosciuti, ad esempio, a François Levaillant, il quale fornì un decisivo apporto alla formazione di una nuova prospettiva non eurocentrica, basata sul contesto politico, sociale e culturale, nonché sulle norme etiche, i costumi e le credenze delle popolazioni indigene, alle quali veniva quindi riconosciuta la qualifica di società, e non di gruppi di selvaggi allo stato di natura. Levaillant effettuò due spedizioni scientifiche nell'interno dell'Africa meridionale, che ebbero il merito di distruggere tutta una serie di pregiudizi secolari concernenti gli Ottentotti. Considerata la meno sviluppata fra le razze inferiori, o mostruose, la popolazione degli Ottentotti precedeva addirittura gli oranghi nella scala degli esseri (andando dal basso verso l'alto). Non è certo un caso che l'opera di Levaillant abbia contribuito alla creazione della Société des Observateurs de l'Homme, fondata nel 1799, la prima moderna istituzione scientifica dedicata allo studio dell'antropologia, intesa come scienza specifica slegata dalla storia naturale.

Della società fece parte anche Constantin-François de Volney, uno dei più originali ed acuti viaggiatori del tardo Illuminismo, il quale effettuò un'importante missione negli Stati Uniti d'America fra il 1795 ed il 1798. La spedizione di Volney contribuì ad una profonda revisione del giudizio sugli Indiani d'America e, più in generale, sulle popolazioni del Nuovo Mondo: «Sono colpito soprattutto dall'analogia», scriveva Volney, «che noto ogni giorno fra i selvaggi americani e i popoli antichi così vantati della Grecia e dell'Italia. Ritrovo nei Greci di Omero, soprattutto in quelli della Iliade, gli usi, i discorsi, i costumi degli Irochesi, dei Delawares, dei Miamis. Le tragedie di Sofocle e di Euripide mi dipingono quasi alla lettera le opinioni degli 'uomini rossi' sulla necessità, sulla fatalità, sulla miseria della condizione umana, e sulla durezza del cieco destino. Ma il testo più autorevole per la varietà e la riunione dei tratti di somiglianza è l'inizio della storia di Tucidide, dove egli ricorda e delinea sommariamente le abitudini e la maniera di vivere dei Greci, prima e dopo la guerra di Troia, fino al secolo in cui scriveva». Ben presto le idee degli «uomini rossi» su tutto quanto atteneva alla «condizione umana» avrebbero avuto una triste e dolorosa conferma di fronte alla progressiva avanzata dei coloni e soldati americani nel corso dell'Ottocento.

I progressi dell'antropologia non fecero venire meno il dibattito intorno alla questione principale che da sempre aveva preoccupato teologi e naturalisti. Come e quando era stato creato l'uomo? Studiosi come Buffon e Kant, sulla base dell'evidente allungamento dei tempi della storia dell'universo e della Terra, iniziarono a supporre che la vita non fosse comparsa all'inizio della creazione, ma in un tempo successivo. Ma in che modo? Facciamoci guidare, ancora una volta, da Kant, riprendendo un suo passo citato nel capitolo 4: «Il mare fu agitatissimo, coprì la terra, lasciò alcuni domini antichi e aumentò l'inclinazione dell'asse. Allora furono sepolte le antiche creazioni, vennero coperte di sabbia e di terra, e poi s'impietrirono. Ancora non era comparso l'uomo, poiché nessun resto fossile reca l'indizio del suo essere avanti questa rivoluzione, ma esso nacque dopo. Questa fermentazione e questo miscuglio delle materie tante volte purificate erano forse necessari per dare origine alla nascita dell'uomo. Forse, in precedenza, l'elettricità era meno forte, meno efficace per produrre un amalgama proprio alla produzione del medesimo».

Dunque l'origine della vita era dovuta all'elettricità? Ma soprattutto: l'elettricità era lo strumento utilizzato da Dio per creare l'uomo, oppure costituiva semplicemente il mezzo che aveva dato vita a una generazione spontanea degli esseri viventi, inclusi gli umani?

Nel corso del Settecento, lo studio dei fenomeni elettrici aveva fatto enormi progressi. Verso la metà del secolo, l'invenzione del primo condensatore della storia, la cosiddetta «bottiglia di Leyda», permise di immagazzinare una carica elettrica fra due conduttori separati da un isolante. Analizzando il funzionamento di questo strumento, Benjamin Franklin, il quale fu uomo politico, scienziato, inventore e molto altro, ipotizzò che la causa dell'elettricità risiedesse in un fluido diffuso nello spazio e tra le sostanze materiali. I corpi risultavano elettricamente neutri quando la concentrazione interna del fluido si presentava uguale a quella esterna; apparivano invece positivamente o negativamente carichi, se la concentrazione era in eccesso o in difetto. Progressivamente l'elettricità divenne lo strumento per spiegare l'origine di innumerevoli fenomeni naturali, dai terremoti alle stelle cadenti. Nel 1791 Luigi

Galvani, dopo aver rilevato che l'unione di due nervi del muscolo di una rana, attraverso un arco metallico, provocava una contrazione del muscolo stesso, ipotizzò che gli animali possedessero una specifica elettricità, indipendente da qualsiasi influenza esterna. La questione dell'unione tra fenomeni fisici e funzioni vitali non rappresentava certo una novità alla fine del Settecento. In molti, infatti, avevano sostenuto una visione vitalistica del corpo umano, cercando di mostrare come il tentativo di ridurre l'anatomia umana ad un modello meccanico fosse destinato al fallimento. Anche l'opera di Newton, per certi versi, era andata in questa direzione, parlando dell'esistenza di uno «spirito sottilissimo» che pervadeva tutti i corpi: «tutta la sensazione è eccitata e le membra degli animali si muovono a volontà, ossia, mediante le vibrazioni di questo spirito, si propaga, attraverso i filamenti solidi dei nervi, dagli organi esterni dei sensi al cervello e dal cervello ai muscoli». Adesso, grazie a Galvani, molti studiosi ritenevano di aver trovato la soluzione per spiegare l'origine della 'scintilla' che aveva dato origine alla vita dalla materia inorganica. Il dibattito sul 'galvanismo' non mancò di influenzare la letteratura del tempo. L'idea che nella materia fossero presenti forze vitali legate soprattutto all'elettricità è uno dei temi che fornirono a Mary Shelley l'ispirazione per la realizzazione del suo *Frankenstein* (1818), come si può leggere nell'introduzione all'edizione definitiva del romanzo, pubblicata nel 1831: «Forse si sarebbe potuto rianimare un cadavere; il galvanismo aveva dato speranze in questo senso; forse era possibile fabbricare, mettere insieme e dotare di calore vitale le parti che compongono un essere vivente».

L'altra domanda che restava aperta (pericolosamente aperta) era: quando l'uomo è comparso sulla Terra?

Cuvier (lo abbiamo già visto) rifiutava di prendere in considerazione ipotesi come l'antichità dell'uomo e la trasformazione delle specie, che stavano prendendo sempre più campo nei dibattiti scientifici del tardo Settecento. Al contrario, Jean-Claude Delamétherie, seguace di Buffon ed editore di una importante rivista scientifica, il «Journal de Physique», era disposto ad accettarle: «Non disponiamo di nessun fatto geologico che dimostri precisamente che la specie umana abbia un'origine così remota come quella degli altri animali, perché non è stata finora ritrovata nessuna parte del suo corpo tra le ossa fossili. Non c'è però alcuna ragione di considerare la sua formazione come posteriore a quella degli altri animali».

All'inizio dell'Ottocento, dal punto di vista geologico e paleontologico vennero introdotti i termini Primario, Secondario, Terziario e Quaternario per definire la storia della vita sulla Terra. Il Terziario venne quindi diviso in tre ulteriori periodi, che Lyell propose di chiamare Eocene, Miocene e Pliocene. Nel 1841 John Phillips sostituì ai termini Primario, Secondario e Terziario quelli di Paleozoico, Mesozoico e Cenozoico. A questi termini, nel corso del tempo se ne aggiunsero altri, per definire ulteriori periodi o nuove specificazioni (ad esempio, per Mesozoico si intende generalmente l'età che vide il dominio dei dinosauri sul nostro pianeta, all'incirca da 220 milioni a 65 milioni di anni fa, suddivisa in Triassico, Giurassico e Cretaceo). Nel frattempo, nel 1816, Christian Jürgensen Thomsen, direttore del Museo archeologico di Copenhagen, incaricato di catalogare i reperti della Reale Commissione danese per la salvaguardia e la collezione di antichità, aveva suddiviso la storia dell'uomo in tre epoche: Età della Pietra, del Bronzo e del Ferro. Così facendo, Thomsen creò uno schema cronologico che venne condiviso a lungo dagli archeologi. Nel 1865 John Lubbock, uno dei padri dell'antropologia moderna, introdusse le parole Paleolitico e Neolitico per suddividere le fasi in cui si era articolata l'Età della Pietra, contribuendo a demolire la cronologia ufficiale, ancora ben radicata negli strati più conservatori della società inglese. Tuttavia, nonostante l'allungamento dei tempi relativi alla storia della Terra e della vita sul pianeta, la possibilità che la storia dell'uomo non corrispondesse a ciò che veniva narrato nelle Sacre Scritture risultò più difficile da accettare. Cuvier continuò a lungo a rappresentare un punto di riferimento sia dal punto di vista scientifico che religioso.

Nel frattempo cominciarono ad emergere prove sempre più numerose di resti umani appartenenti ad epoche lontane rispetto a quella in cui pareva essersi verificato il Diluvio universale. In particolare, furono i ritrovamenti effettuati nel territorio di Abbeville e nella valle della Somme da Jacques Boucher de Perthes a suscitare un intenso dibattito sull'argomento. Nel 1859 Darwin non trattò volutamente la questione dell'origine dell'umanità (avrebbe poi fatto conoscere ufficialmente la sua opinione nel 1870, pubblicando un altro capolavoro, *L'Origine dell'uomo*). Nonostante ciò, dopo l'uscita dell'*Origine delle specie*, molti testi vennero dedicati ad esaminare il tema dell'antichità dell'essere umano.

Fra gli studiosi che si fecero carico di combattere una battaglia culturale (talvolta molto aspra) per la diffusione delle idee di Darwin spicca il nome di Thomas Huxley (padre di Leonard e nonno di Julian e Aldous, l'autore del famoso romanzo *Il mondo nuovo*; insomma una bella famiglia di intellettuali e scienziati). Nel 1863 Huxley pubblicò *Evidences as to Man's Place in Nature*

(*Prove della posizione dell'uomo nella natura*), un testo che riscosse grande successo e durissime critiche. Non è difficile immaginare perché: «Ma poi che il mio desiderio è di raggiungere una più vasta cerchia di pubblico intelligente, sarebbe spregevole viltà se facessi conto di ignorare quel senso di ripugnanza col quale la maggior parte dei miei lettori probabilmente accoglierà le conclusioni, alle quali io sono arrivato dopo uno studio il più accurato e coscienzioso che sapessi fare. Da ogni parte sentirò gridarmi: 'Noi siamo uomini e donne, e non una specie semplicemente migliorata di scimmie, un po' più lunga di gambe, col piede a dita non opponibili, col cervello più grande dei vostri brutali scimpanzé e gorilla. Il potere della conoscenza, la coscienza del bene e del male, la tenerezza e la pietà degli affetti umani ci innalzano al di sopra di ogni reale consorteria coi bruti, per quanto essi ci possano sembrare strettamente affini'. Ed io posso rispondere, che queste recriminazioni sarebbero giustissime ed avrebbero la mia simpatia, se non fossero semplicemente irrilevanti».

Un numero sempre maggiore di scienziati e uomini di cultura cominciò a nutrire la convinzione che l'inizio della civiltà andasse ampiamente retrodatato rispetto alle stime tradizionali e che la comparsa delle prime forme di uomo sulla Terra risalisse ad un'epoca assai lontana nel tempo, come fu chiaro dalle testimonianze fossili ritrovate a Engis in Belgio, a Gibilterra e nella grotta di Feldhofer nella valle di Neander presso Düsseldorf, verso la metà degli anni Sessanta dell'Ottocento. Si trattava di uomini diversi da noi, ai quali fu dato il nome di neanderthaliani (che ora sappiamo essere vissuti anche contemporaneamente all'*Homo sapiens*). Da allora, le prove sono diventate sempre più numerose e, come accade di solito nella storia della scienza, hanno forni-

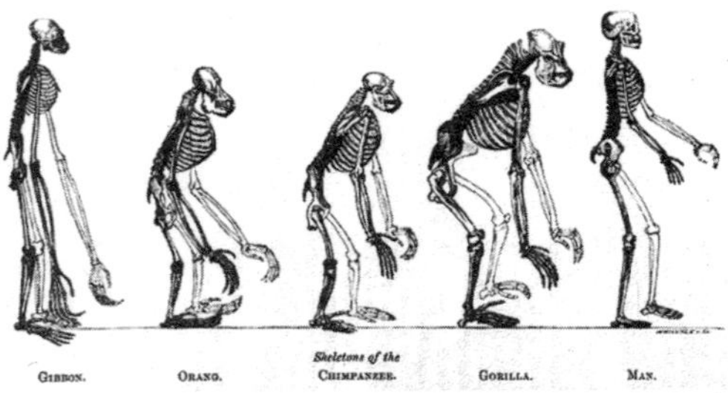

Fig. 13. Thomas Henry Huxley,
L'evoluzione dell'uomo, 1863.

to risposte a molte domande e, contemporaneamente, sollevato nuovi interrogativi.

Oggi, grazie agli sviluppi della genetica, giungono ogni giorno non soltanto sicure conferme della teoria della selezione naturale, ma anche importanti elementi per ricostruire con una certa precisione la storia dell'*Homo sapiens*: «Dall'Africa», scrive Luigi Cavalli-Sforza, «l'uomo moderno è entrato probabilmente prima di tutto in Asia; 100.000 anni fa è la data approssimativa per l'occupazione del Medio Oriente. Ma com'è arrivato alla parte orientale dell'Asia? Può aver percorso la costa dell'Arabia, poi dell'India, fino al sud-est asiatico. Da qui la strada si ramifica: verso il sud, fino alla Nuova Guinea e all'Australia; verso il nord, alla Cina, al Giappone e infine alla Beringia e all'America. Due considerazioni sono in favore della via costiera: nell'ultima parte, dal sud-est asiatico all'Australia, l'uomo moderno era certamente già in grado di attraversare lunghi tratti di mare, e non è irragionevole immaginare che possedesse questa tecnica quando aveva lasciato l'Africa. Il clima e l'alimentazione (a base di molluschi, crostacei, pesci, ecc.) sarebbero rimasti gli stessi durante tutto il tragitto, riducendo i problemi di adattamento ai diversi ambienti. In alternativa alla via costiera, ci sarebbe stata la possibilità di un percorso a sud o a nord dei massicci dell'Asia centrale, ma non c'è alcun segno di passaggio per la via di terra sessanta o settantamila anni fa, quando sarebbe dovuto avvenire. Sappiamo assai poco sull'arrivo nell'Asia orientale, con l'eccezione di una data che pone l'uomo moderno in Cina 67.000 anni fa. In Australia ci sono esemplari fossili di uomo moderno vecchi di 35-37.000 anni, ma dati recenti indicano il suo arrivo tra i 50.000 e i 60.000 anni fa. L'entrata in Europa, probabilmente attraverso l'Asia occidentale, precede di poco la scomparsa di Neanderthal, ed è datata verso i 40.000 anni fa. L'entrata in America, senza dubbio dall'Asia del nord-est attraverso l'Alaska, è la più difficile da datare. I vari ricercatori suggeriscono date molto diverse per il primo ingresso in America, che vanno da 15.000 a 30.000 e persino 50.000 anni fa».

La ricerca sul campo, naturalmente, è in continua 'evoluzione' (scusate il gioco di parole). E gli annunci di nuovi ritrovamenti fossili si susseguono spesso a ritmo incalzante, contribuendo a modificare il quadro della situazione a nostra disposizione. Gli scienziati sanno bene, come disse Newton, di assomigliare a dei bambini che giocano sulla spiaggia, trovando ogni tanto qualche bella conchiglia (le informazioni già acquisite), di fronte ad un oceano sconosciuto (quello che ancora ci resta da sapere). In ogni caso, a ormai oltre 150 anni dalla sua formulazione, la teoria di Darwin riscuote una indiscussa adesione da parte degli scienziati (che pure lecitamente divergono nell'interpretazione di specifiche parti dei meccanismi evolutivi). Nonostante ciò, essa continua a sollevare polemiche ed obiezioni, e le sue implicazioni non sono ancora state pienamente accettate a livello culturale e sociale. Solo di recente la Chiesa cattolica ha mostrato la sua disponibilità nei confronti del darwinismo, mentre negli Stati Uniti, ad esempio, gruppi religiosi fondamentalisti tendono addirittura a rifiutare l'evoluzionismo, che giudicano un pericoloso attacco contro la fede, cercando di limitarne l'insegnamento nelle scuole (qualche anno fa, purtroppo, si è tentato di realizzare qualcosa del genere anche in Italia). Del resto, oggi è capillarmente diffusa nella società occidentale un'immagine distorta della scienza, che si riflette inevitabilmente anche sull'evoluzionismo. Ma si tratta di un grave errore, sia in campo epistemologico che etico.

Come dimostra l'esempio di padre George Coyne, non esiste alcuna incompatibilità tra la fede religiosa e l'accettazione dei risultati della teoria della selezione naturale: «Il concetto di evoluzione in senso neodarwiniano è assolutamente neutro. Sia un ateo che un credente potrebbero accettare l'evoluzione scientifica senza entrare in discussioni di carattere religioso». Coyne non ha avuto alcuna difficoltà nel coniugare la fede e la scienza, manifestando più volte pubblicamente la sua adesione ai valori della ricerca scientifica: «Come scienziati, noi sacerdoti e religiosi, non siamo diversi dagli altri ricercatori. Nei rapporti con la ricerca, siamo agnostici, attenti solo ai dati oggettivi». Secondo molti, la conseguenza logica dell'evoluzionismo è l'ateismo. Niente affatto, le cose non stanno assolutamente in questi termini. Infatti, nonostante l'evoluzione non mostri alcun progetto prestabilito o tendenza innata al progresso e tutto testimoni che i processi evolutivi sono frutto del caso, nessuno potrà mai contraddire la convinzione (che comunque è un atto di fede, ed è una cosa di cui la dimostrazione scientifica non ha bisogno) che questo sia il modo in cui Dio ha costruito il mondo. Si potrà discutere che lo poteva fare meglio, meno ingiusto, caotico e sconclusionato. Ma non sarà possibile contraddire la convinzione che, nonostante tutto, dietro l'evoluzione ci sia la mano di Dio.

Certo, tutte le prove che abbiamo, scrive Kant nella *Critica del Giudizio*, ci indurrebbero a dire che non c'è alcun senso nella natura, né una finalità. Il brano che segue è un po' lungo, ma vale la pena di leggerlo con calma, perché è molto chiaro al riguardo: «Una conoscenza più esatta del modo in cui è costituita la condizione essenziale di tutti i prodotti organici, non mostra se non cause che agiscono del tutto ciecamente, e piuttosto distruttrici che favorevoli alla produzione, all'ordine e ai fini. La terra e il mare non contengono soltanto le testimonianze delle antiche e potenti devastazioni, da cui furono colpiti insieme con tutte le creature che vi si trovavano, ma tutta la loro struttura, gli strati della Terra e i limiti del mare hanno perfettamente l'apparenza di essere stati prodotti da forze selvagge ed onnipotenti della natura operante in uno stato caotico. Per quanto ora sembrino ben appropriate la figura, la struttura e la pendenza delle terre a ricevere le acque del cielo, le sorgenti che scorrono tra strati di diverse specie destinati a diversi prodotti e il corso dei torrenti, nondimeno un esame più approfondito di tali cose dimostra che esse sono state prodotte semplicemente, in parte da eruzioni vulcaniche, in parte da inondazioni o da sollevazioni dell'oceano; e così si spiegano e la prima formazione di questa figura e, specialmente, la sua trasformazione successiva, come, nel tempo stesso, la sparizione delle prime produzioni organiche. Ora, se il domicilio di tutte queste creature, se il suolo della terra e il grembo del mare non ci mostrano se non un meccanismo interamente cieco, come e con qual diritto possiamo domandare e affermare un'altra origine delle creature stesse»?

Infatti, scientificamente, non possiamo farlo. Tuttavia, al tempo stesso, argomentava Kant, non abbiamo neanche gli strumenti razionali per avere una prova definitiva che il mondo non sia stato creato da Dio, a causa dei limiti della ragione. Insomma, l'idea di Dio non ha niente a che fare con le dimostrazioni scientifiche. «Bisogna dire che c'è una tentazione molto diffusa: quando non si trova la risposta a una domanda scientifica, si tira in ballo Dio per spiegare tutto. E questo non è corretto. Dio non è spiegazione razionale, scientifica. Dio è amore. Fede non vuol dire conoscere e sapere; fede è amare, fede è un rapporto personale con Dio, che comprende tutti i credenti. Noi pellegrini sulla Terra dobbiamo cercare di capire l'universo usando il nostro cervello, senza coinvolgere Dio nel nostro ragionamento». È sempre padre Coyne a parlare. Dunque, essere scienziati e credenti alla maniera di padre Coyne non ha niente a che vedere con i moderni seguaci di John Ray, cioè i sostenitori del cosiddetto «disegno intelligente», che non è in alcun modo una teoria scientifica. Infatti, non si possono forzare i dati dell'esperienza e far dire loro una cosa che non dicono: cioè che l'evoluzione ha una direzione verso il meglio (che poi, con molta modestia, saremmo noi). In sostanza, quello che conta, è il piano scientifico. Se si debbono avanzare delle critiche all'evoluzionismo, debbono essere portate su quel piano.

La scienza non ha né la possibilità né il compito di portare a verità assolute. L'assoluto può essere solo un oggetto di fede, e in quanto tale, è del tutto individuale e non universale (dunque, più che una verità, è una semplice credenza). L'uomo non ha la capacità razionale di stabilire se la materia è sempre esistita oppure è dovuta a una creazione (divina o spontanea non fa in questo caso una particolare differenza). Come può esistere una cosa eterna senza che nessuno l'abbia creata? Perché esiste da sempre? Ma, se è stata creata, chi ha creato il creatore? Nella più banale delle metafore, è il problema se è nato prima l'uovo o la gallina. Su questo, ognuno è libero di farsi la convinzione che vuole: potrà credere a una entità creatrice, oppure essere ateo (anche l'ateismo è una assunzione 'a priori', una credenza non dimostrabile). Potrà anche essere agnostico, cioè rifiutare di prendere una posizione. Ma dobbiamo essere consapevoli, su certe questioni, dell'esistenza di un limite. La scienza potrà arrivare a capire come effettivamente si è verificato il Big Bang. A quel punto, però, si presenterà un'altra domanda (anzi, i fisici se la stanno già ponendo da tempo): e prima del Big Bang cosa c'è stato? E prima del 'prima'? E così via, all'infinito.

Detto questo, sia chiaro che gli scienziati hanno l'obbligo di provare a dare una risposta a cosa è esistito prima del Big Bang (poi si vedrà, un problema alla volta). La scienza, infatti, è l'unica forma di sapere che può fornire certezze universali condivise da tutti. Essa non prevede che i suoi discorsi sul mondo debbano essere condizionati da influenze di tipo politico o religioso, al punto tale da negare l'evidenza delle prove scientifiche. Certo, purtroppo talvolta è costretta a farlo ma, appunto, è costretta, come accadde nel caso di Galileo. La validità della scienza è fondata solo sulla correttezza dei ragionamenti e la forza delle dimostrazioni sperimentali, che non possono mai essere accettate sulla base di una fede o di un convincimento 'a priori', ma necessitano del riscontro e del rigido controllo della comunità scientifica, cioè di migliaia e migliaia di scienziati che lavorano nei laboratori di tutto il mondo.

Per questo la scienza, sempre e comunque, deve tentare di dare una risposta ai problemi posti dall'indagine della natura, anche ai più complessi e difficili, senza ricorrere a spiegazioni soprannaturali: «Il massimo sforzo, e persino l'ardimento, nei tentativi per spiegarla meccanicamente, ci sono non soltanto permessi, ma sollecitati dalla ragione, sebbene sappiamo che non potremo mai riuscirvi per la natura particolare e la limitazione del nostro intelletto», puntualizzava Kant, completando il suo ragionamento. Ricordiamocelo sempre: l'Illuminismo, che è una delle migliori filosofie che l'uomo abbia mai prodotto, non è affatto l'età della ragione assoluta (come talvolta si legge ancora in alcuni manuali o come sostengono – sbagliando – autorevoli esponenti in campo filosofico e religioso), ma costituisce il momento in cui si afferma la consapevolezza dei limiti della ragione. Rifiuto del principio di autorità, conoscenza del mondo e dell'universo attraverso la scienza, fiducia in valori morali universali e indipendenti dalla fede religiosa, che resta un fatto personale (e non può essere certo imposta a tutti nello stesso modo, né con la guerra, né con le leggi di uno stato): questo è l'Illuminismo, che è una cosa ben diversa dal materialismo o dall'ateismo.

In ogni caso, si può tranquillamente essere credenti o atei, le cose non cambiano. Non è quello il terreno dello scontro. Quindi, non si può accettare o rifiutare la teoria della selezione naturale semplicemente perché ci piace o non ci piace l'idea di avere qualche antenato in comune con le attuali scimmie. Questa non è un'argomentazione scientifica. Come scriveva Galileo, se Dio ha creato il mondo, le leggi della natura non possono che essere le sue leggi. Insomma, che si abbia fede oppure no, le cose vanno guardate in faccia per quello che sono, magari ascoltando anche la loro voce. Come, ad esempio, quella dei terremoti.

Capitolo 7

La voce dei terremoti

«L'estate successiva i Peloponnesi e gli alleati si diressero fino all'istmo per invadere l'Attica, al comando di Agide di Archidamo, re di Sparta. Ma siccome avvennero molti terremoti, ritornarono e l'invasione non ebbe luogo. E in questo stesso periodo, mentre duravano i terremoti, a Orobie, nell'Eubea il mare, ritiratosi da quella che una volta era la terra, e divenuto tempestoso, piombò su una parte della città e la sommerse, da un'altra si ritirò, sicché ora vi è il mare dove prima era la terra. E uccise tutte quelle persone che non poterono fare a tempo a rifugiarsi sulle alture. E ad Atalante, l'isola posta vicino a Locri dell'Opunzia, avvenne una simile inondazione, che distrusse una parte del forte ateniese e di due navi tirate in secco ne sfasciò una. Un ritirarsi dei flutti avvenne anche a Pepareto, ma non un'inondazione; e un terremoto distrusse una parte delle mura, il pritaneo e altre case. La ragione di tutto ciò io penso che fosse il terremoto, il quale là dove fu più violento respinse indietro il mare, e poi traendolo di nuovo improvvisamente avanti, rese ancor più violenta l'inondazione: ché senza un terremoto non mi sembra che un fatto simile sarebbe potuto avvenire».

Secondo Paul Jordan, docente di archeologia a Cambridge, questo passo di Tucidide potrebbe essere stato una delle fonti di ispirazione per Platone nella costruzione del suo racconto sulla perduta civiltà di Atlantide. Ma le notizie su terremoti e altri eventi catastrofici certo non mancavano: «in epoche vicine alla preparazione del *Timeo* e del *Crizia*, ci furono smottamenti ed inondazioni in seguito ad un terremoto nel golfo di Corinto, che portarono all'affondamento di tre località, Elice, Egina, e Bura nel 373 a.C.». Dunque non è impossibile che queste notizie possano essere giunte fino a Platone ed «aver colpito la sua immaginazione al punto tale da spingerlo a mettersi a scrivere la storia di Atlantide».

Da sempre i terremoti hanno dato origine a interpretazioni di tipo mitologico. Nell'antichità, comunque, tutti i più importanti filosofi cercarono di fornire una spiegazione di questi devastanti fenomeni basata su cause naturali, da Talete a Platone, da Democrito a Aristotele, il quale pensava che la loro origine fosse dovuta a spostamenti di aria sotterranea: una spiegazione poi molto diffusa nel corso del Medioevo, a causa del predominio della sua filosofia in quel periodo. Nonostante ciò, per moltissimo tempo i terremoti sono stati considerati, soprattutto in ambito religioso, come una manifestazione della collera divina. L'età moderna non rappresenta da questo punto di vista un'eccezione. Un fortissimo sisma distrusse la colonia inglese di Port Royal in Giamaica il 7 giugno 1692, provocando la morte di circa 2000 persone: «spero che questo terribile giudizio di Dio li induca a cambiare vita, poiché non penso esistano persone così prive di timor di Dio sulla faccia della terra». Secondo il reverendo Emmanuel Heath, scampato al disastro, si trattava della giusta punizione impartita da Dio agli abitanti del posto, più che altro «malfattori e sgualdrine». Pare che un tale modo di valutare l'azione dei terremoti non sia affatto scomparso, ma risulti assai diffuso, e non soltanto a livello popolare.

Lo sviluppo delle ricerche sulla storia del globo indusse comunque gli scienziati a concentrarsi sull'analisi delle cause naturali di questi terribili eventi. Le teorie proposte furono innumerevoli: fuochi sotterranei, accumulo di gas nocivi in caverne situate all'interno della Terra, effetto di reazioni chimiche, oppure – un'idea che si svilupperà soprattutto nel Settecento – azione dell'elettricità. I terremoti andavano considerati come una delle cause responsabili dei mutamenti della crosta terrestre nel tempo. Spesso l'attività tellurica venne associata a quella vulcanica e, non a caso, la storia dello studio dei vulcani va di pari passo con quella dei terremoti. Allo stesso modo, a livello popolare, anche le eruzioni furono considerate (e a volte lo sono ancora) come segni e manifestazioni della divinità.

In ambito scientifico si crearono due orientamenti di ricerca contrapposti: i nettunisti, che attribuivano all'acqua e all'influenza dei fenomeni sedimentari il ruolo di principali agenti geologici; i plutonisti, secondo i quali era invece il calore, e non l'acqua, la principale fonte dei cambiamenti del globo, un calore prodotto in larga misura dall'azione vulcanica, come dimostrato dall'origine ignea di rocce cristalline e compatte quali il granito ed il basalto. A tale azione andava attribuita l'emersione delle montagne dal mare e la formazione di caverne sotterranee, il cui cedimento poteva provocare, a sua volta, crolli, sprofondamenti e, per l'appunto, terremoti. La contrapposizione fra nettunisti e plutonisti, comunque, non fu così netta come ci si potrebbe immaginare e rimase spesso confinata nelle dichiarazioni di principio. Infatti, se prese singolarmente, le teorie dei diversi autori presentano caratteristiche assai complesse e non facilmente inquadrabili all'interno di rigide categorie.

Importanti prove a sostegno delle tesi plutoniste vennero dai viaggi scientifici di Jean-Etienne Guettard il quale, intorno alla metà degli anni Cinquanta del Settecento, fu protagonista di alcune spedizioni volte allo scopo di realizzare una mappa geologica e mineralogica della Francia. Guettard verificò che nella regione dell'Auvergne numerose costruzioni erano state realizzate con materiali vulcanici, riuscendo ad individuare anche le cave di estrazione. Effettuò quindi una ricognizione sistematica delle zone circostanti (Volvic, Mont'd'Or, Puy-de-Dôme, Clermont), dove notoriamente non esisteva alcuna attività vulcanica, dimostrando la presenza di antichi vulcani spenti. Le sue scoperte diedero un grande impulso alla vulcanologia fra Sette e Ottocento, contribuendo contemporaneamente ad alimentare l'idea che anche gli eventi sismici fossero dovuti all'azione del calore concentrato nelle profondità della Terra. Una delle zone privilegiate per lo studio di terremoti e eruzioni fu naturalmente l'Italia, meta obbligata per tutti gli scienziati interessati all'analisi di questi fenomeni, anche grazie alla presenza di straordinari laboratori naturali come il Vesuvio, l'Etna e le Isole Eolie.

In ogni caso, il dibattito sui terremoti sviluppatosi a partire dal Seicento non fu mai limitato a un piano strettamente tecnico. I terremoti, infatti, furono all'origine di importanti considerazioni filosofiche sul posto e sul ruolo dell'uomo nell'ambito del sistema della natura. Per molti, l'incapacità di porsi di fronte a un fenomeno naturale così destabilizzante (sia dal punto di vista materiale che psicologico) mostrava, in maniera evidente, come il genere umano facesse fatica a concepire chiaramente la sua condizione sulla Terra e nell'universo.

Il primo novembre 1755 a Lisbona, alle ore 9.40, si verificò la prima di una serie di fortissime scosse (oggi valutabili tra gli 8,7° e i 9° della scala Richter) di quello che doveva passare alla storia come uno dei più famosi e al tempo stesso terrificanti terremoti nella storia dell'umanità. Non che agli europei mancasse la conoscenza di eventi devastanti di quel genere. I terremoti italiani, per l'appunto, erano ben noti a tutti. Spesso, però, le notizie provenivano da paesi lontani, come il Perù, l'India o la Cina, e venivano recepite con un certo distacco. «A noi non capiterà mai qualcosa del genere», era il sentire comune prevalente. Nel 1750 una serie di forti scosse sismiche aveva interessato Londra (dopo circa due secoli di tranquillità) e successivamente tutta la Gran Bretagna, suscitando forti preoccupazioni. Questa volta, però, la catastrofe, che colpiva una delle città simbolo d'Europa, faceva toccare con mano cosa potesse effettivamente significare 'scomparsa di una civiltà'. Le scosse durarono complessivamente per circa sei minuti (chi ha avuto la sfortuna di trovarsi 'dentro' un terremoto, sa bene che questo è un tempo interminabile, perché già 30 secondi sembrano lunghissimi). All'inizio le acque del Tago e del mare si ritirarono, lasciando il molo e la riva a secco, con tutte le navi e le barche che vi erano ormeggiate, come avrebbero in seguito riportato i numerosi resoconti della catastrofe. Successivamente un gigantesco tsunami si abbatté su Lisbona con un'onda di 15 metri di altezza. Gli incendi che scoppiarono in tutta la città, e che durarono per circa tre giorni, diedero il colpo finale. Le vittime furono oltre 60.000 su una popolazione stimata di 275.000 abitanti. Nel disastro, oltre alle splendide architetture della capitale portoghese e un'infinità di chiese, andarono perduti tesori inestimabili, come dipinti di Rubens e

Tiziano, o importantissimi documenti relativi alla storia delle esplorazioni geografiche. Ma il sisma non interessò solo Lisbona. Anche Algeri fu distrutta e molte città del Marocco subirono danni ingentissimi, tra cui Tangeri, dove morirono circa 10.000 persone, sempre per l'azione combinata di scosse e tsunami.

Il terremoto ebbe una estensione incredibile: circa 11 milioni di km^2. Interessò gran parte dell'Europa, fino alla Gran Bretagna e alla Norvegia e raggiunse anche l'America, le Antille e Barbados. Le scosse furono avvertite in numerosi luoghi da molte persone. Lasciamo la parola a un testimone d'eccezione, Giacomo Casanova, che al momento del sisma si trovava imprigionato nei Piombi di Palazzo Ducale a Venezia: «Ero in piedi nella soffitta e stavo guardando in alto verso l'abbaino traversato per il lungo dalla grossa trave di cui ho parlato. Lorenzo [il suo carceriere] stava uscendo dalla mia cella con due dei suoi. In quel momento vidi l'enorme trave non solo traballare, ma addirittura compiere un mezzo giro verso destra e ritornare poi al suo posto con un movimento lento e qualche volta interrotto. Nello stesso tempo, accorgendomi d'aver perso l'equilibrio, mi resi conto che si trattava di un terremoto. Anche gli altri se ne avvidero, ma non dissi nulla, rallegrato come mi sentivo da quel fenomeno. Qualche secondo dopo la scossa si ripeté e non potei trattenermi dal gridare: 'Un'altra, un'altra, gran Dio, ma più forte!'. Gli arcieri, spaventati dalla mia invocazione che ritennero l'empio grido di un pazzo disperato e blasfemo, fuggirono presi dall'orrore. Esaminandomi in seguito, trovai che avevo creduto compatibile il crollo del Palazzo Ducale col riacquisto della mia libertà. Il palazzo, precipitando, doveva depormi sano e salvo sul bel lastricato di Piazza San Marco. Fu in tal modo che cominciai a impazzire.

La scossa proveniva dal gran terremoto che distrusse in quei giorni Lisbona».

Il dibattito che si scatenò intorno al significato del terremoto fu intensissimo. Cosa mai aveva fatto di male Lisbona per meritarsi un simile castigo? Una delle città più cattoliche d'Europa, sempre impegnata in prima fila nell'opera di cristianizzazione ed evangelizzazione delle colonie? E se Dio avesse voluto punirla proprio per questo? Per lo sfruttamento insensato dei territori americani e gli osceni massacri delle popolazioni locali? Certo, era una possibilità. Quello che non si capiva era perché Dio a volte intervenisse e a volte no. Inoltre, perché punire tutta Lisbona? Perché non fare distinzione fra buoni e cattivi, delinquenti e bambini? Sembrava evidente che era meglio abbandonare le vie della spiegazione della imperscrutabile volontà divina per concentrarsi su altri tipi di riflessione, come quella filosofica. Ma, anche in questo caso, i problemi non erano minori. Voltaire, che rimase profondamente colpito dall'avvenimento, approfittò dell'occasione per ridicolizzare la celebre idea di Leibniz secondo la quale vivremmo nel migliore dei mondi possibili. Al tema il filosofo francese dedicò sia il *Poema sul disastro di Lisbona* che il più celebre *Candido, ovvero l'ottimismo*. Anche in questa opera Voltaire rievocava gli eventi di Lisbona, narrando le vicende di Candide e del suo maestro di filosofia, Pangloss: «Il giorno dopo ripararono un poco le forze con qualche provvista da bocca trovata strisciando fra le macerie. Poi si misero a lavorare come gli altri per soccorrere gli abitanti sfuggiti alla morte. Alcuni cittadini soccorsi da loro gli offrirono il miglior pasto che fosse possibile in quel disastro. È vero che il pasto era triste; i convitati innaffiavano il loro pane con le lagrime; ma Pangloss li consolò accertandoli che le cose non potevano andare altrimenti». Davvero un inguaribile ottimismo.

In ogni caso, tra ottimismo e pessimismo, meglio scegliere la via di mezzo (che è sempre quella più equilibrata, e quindi ragionevole), cioè il realismo. Come dobbiamo porci di fronte ai terremoti? La prima cosa da dire è che non tutti gli oggetti del mondo naturale sono identici, né possono essere studiati allo stesso modo. Ci sono fenomeni esattamente prevedibili, altri parzialmente prevedibili, altri non prevedibili. Ci sono ambiti di ricerca dove la matematica (e quindi la nostra capacità di previsione) funziona benissimo, altri dove funziona un po' meno. Questo non significa, ovviamente, che la scienza non funzioni, ma semplicemente che, allo stato attuale delle nostre conoscenze, dobbiamo confrontarci con situazioni più o meno complesse. Inoltre, bisogna specificare meglio cosa intendiamo dire quando parliamo di previsione, e qui entra in gioco il modo corretto di porsi di fronte alla natura. Affermare che non siamo in grado di stabilire che un terremoto si verificherà il giorno *x*, all'ora *y*, nel posto *z*, non significa che non possiamo prevedere i terremoti. La scienza geologica, dal Settecento a oggi, ha compiuto progressi inimmaginabili e attualmente, grazie alle sempre più accurate mappe del territorio che vengono costantemente elaborate e perfezionate, siamo in grado di sapere esattamente quali sono le zone dove si verificheranno terremoti e la magnitudo (da non confondere con l'intensità) che potranno raggiungere. Cosa significa? Che se a Lisbona si è verificato un terremoto tra gli 8,7 e i 9 gradi della scala Richter è possibile che in futuro se ne verifichi un altro della stessa entità (naturalmente, per quanto ne sappiamo, la magnitudo potrà essere anche superiore). Se ciò accadrà, non si potrà dire: «era imprevedibile». Al contrario, era ampiamente prevedibile. Dunque, sapendo che una cosa potrà succedere, le sue conseguenze vanno anticipate. In sostanza, bisogna soprattutto prevenire.

Una delle cose più insensate ripetute dai mezzi di informazione nei giorni che sono seguiti al disastro di Fukushima (11 marzo 2011) è stata: «Chi poteva prevedere una cosa del genere?». Essendo quella una delle zone a più alto rischio sismico del mondo, dove le popolazioni si esercitano regolarmente su come comportarsi nel caso di un allarme tsunami, dire che tutto ciò non era prevedibile significa davvero avere le idee poco chiare. Più ragionevole affermare: sono consapevole di quello che faccio, dei vantaggi che ho e dei rischi che corro, sulla base di una valutazione probabilistica. Su scala più vasta, si tratta della stessa situazione relativa ad un possibile impatto (catastrofico) di una cometa o di un asteroide con la Terra. La posizione corretta da mantenere, come ama ripetere Michio Kaku nei suoi programmi sulla «fisica dell'impossibile», non è se la cosa accadrà, ma quando accadrà. Tuttavia, mentre la possibilità di un impatto catastrofico è molto, molto remota, quella di un terremoto distruttivo risulta assai più elevata. Non si tratta, quindi, di essere ottimisti o pessimisti, ma di conoscere esattamente il mondo e l'universo in cui viviamo. E di prendere, perciò, delle decisioni consapevoli sulla base di un progetto lungimirante, tenendo naturalmente sempre presente che, nelle cose umane, il 'rischio zero' non esiste (ma tra 0 e 100 c'è ovviamente una bella differenza). Per fare questo, però, dobbiamo liberarci dal nostro comune pensare antropocentrico. Leggere più spesso Giacomo Leopardi può essere una buona soluzione. Così si rivolge la natura all'islandese nel celebre *Dialogo* contenuto nelle *Operette Morali*:

«Immaginavi tu forse che il mondo fosse fatto per causa vostra? Ora sappi che nelle fatture, negli ordini e nelle operazioni mie, trattone pochissime, sempre ebbi ed ho l'intenzione a tutt'altro, che alla felicità degli uomini o all'infelicità. Quando io vi offendo in qualunque modo e con qual si sia mezzo, io non me n'avveggo, se non rarissime volte: come, ordinariamente, se io vi diletto o vi benefico, io non lo so; e non ho fatto, come credete voi, quelle tali cose, o non fo quelle tali azioni, per dilettarvi o giovarvi. E finalmente, se anche mi avvenisse di estinguere tutta la vostra specie, io non me ne avvedrei».

Scriverà Kant, all'indomani del terremoto di Lisbona: «Noi uomini siamo fatti così. Dopo esserci arrogati un diritto illegittimo a tutti gli aspetti piacevoli della vita, non vogliamo pagare i vantaggi con nessun costo. Pretenderemmo che la terra fosse fatta in modo da potersi augurare di potervi risiedere eternamente». Potremmo dire che, in sostanza, molti uomini praticano un sorta di 'evasione fiscale' nei confronti del globo terrestre: vogliono guadagnare e avere benefici senza fare la dichiarazione dei redditi e pagare le tasse. Quando in Italia ci sarà un nuovo forte terremoto, non restiamone sorpresi: prima o poi ci sarà, lo sappiamo, è normale e naturale. Non invochiamo il fatalismo, né pensiamo che sia in arrivo la fine del mondo. Vogliamo invece cercare di prevenirlo nel migliore dei modi, costruendo case e strutture antisismiche adeguate, in grado di resistere a magnitudo molto elevate? Abbiamo la forza di ridurre l'abusivismo edilizio? Oppure intendiamo fare ricorso, come sempre, alla cultura dell'emergenza? La geologia, nel nostro paese e nel resto del mondo, dovrebbe essere oggetto di conoscenza comune, sia per l'opinione pubblica che per gli specialisti delle altre discipline. E l'Istituto nazionale di geologia e vulcanologia (Ingv) dovrebbe avere una posizione netta e precisa, in modo da evitare che i governanti vengano meno alle loro responsabilità: tutta l'Italia, come il Giappone o altre regioni del mondo, è sottoposta a un elevatissimo rischio. Non ci sono oasi felici. Le previsioni statistiche o le carte relative alle differenti aree sismiche non possono diventare un alibi per gli amministratori. Un terremoto può avvenire dovunque. Sarà meglio prenderne atto, senza ulteriori illusioni. E agire sulla prevenzione.

Dai tempi del cataclisma di Lisbona, lo studio dei terremoti ha compiuto uno straordinario avanzamento. È stato stabilito sempre meglio, ad esempio, il modo in cui le onde sismiche si verificano e si propagano. E, alla fine, siamo riusciti anche a decifrare l'origine dei terremoti. Per fare questo, però, è stato necessario un nuovo, enorme mutamento concettuale. Si è capito, infatti, che non solo la natura è mobile (nel senso che esistono continui processi evolutivi), ma che la Terra stessa nel suo complesso è totalmente mobile.

Nel Seicento, l'opinione prevalente era che il nostro pianeta avesse una struttura immutabile, come pensava Athanasius Kircher. Certo, cambiamenti piccoli e grandi dell'aspetto della crosta terrestre erano all'ordine del giorno, ma avvenivano nell'ambito di un quadro statico del globo. Ad esempio, in molti avevano sottolineato l'esistenza di una corrispondenza tra le coste occidentali dell'Europa e dell'Africa e quelle orientali del continente americano. Per spiegare una simile corrispondenza si era fatto ricorso all'idea che in passato fosse esistita una grande massa di terra tra il Vecchio e il Nuovo Mondo, poi sprofondata nell'Atlantico (la mitica Atlantide).

Al tempo di Darwin l'ipotesi dei ponti continentali era ancora accettata sia dai geologi che dai naturalisti. Tale ipotesi si presentava infatti come la più adatta a spiegare la distribuzione delle specie vegetali e animali in regioni così distanti e separate dal mare. Darwin non credeva alla presenza di antiche masse terrestri fra le attuali zone emerse ed era propenso ad ammettere la possibilità di altri fattori alla base della diffusione delle specie. Nell'*Origine delle specie*, Darwin motivò pubblicamente il suo rifiuto. Qualche tempo dopo, il naturalista inglese scrisse all'amico Joseph Hooker: «Spero che 'Atlantide' venga definitivamente affondata. Queste enormi estensioni continentali rappresentano un articolo di fede per troppe persone». La speranza di Darwin era destinata ad essere delusa. Non solo la teoria di Atlantide continuò a mantenersi viva e vegeta, ma ad essa se ne affiancò un'altra, diventata altrettanto famosa, quella relativa a Lemuria, l'antico continente che avrebbe collegato in passato l'India e l'Africa meridionale, i cui resti erano rappresentati dal Madagascar, le isole Aldabra, le Seychelles e le Maldive (al pari delle Canarie e delle Azzorre per ciò che concerneva Atlantide).

Questo lo stato delle cose fino ai primi del Novecento. Nel 1912, l'astronomo e meteorologo tedesco Alfred Wegener iniziò a sostenere che molte delle questioni affrontate dai naturalisti e dai geologi negli ultimi due secoli potevano essere spiegate ipotizzando una remota origine comune dei continenti, evitando di far ricorso all'ipotesi delle masse sprofondate negli oceani. Secondo la sua teoria, nel Paleozoico e, in parte, nel Mesozoico, le terre emerse erano unite in un unico continente, la cosiddetta Pangea. Al tempo stesso esisteva unico oceano, la Panthalassa. Intorno a 200 milioni di anni fa, la Pangea iniziò a dividersi in Laurasia (Europa, Asia e Nordamerica) e Gondwana (Sudamerica, Africa e Oceania). In seguito, le terre continuarono a frammentarsi ulteriormente, fino alla conformazione attuale. Wegener studiò anche le tracce lasciate dagli antichi ghiacciai sulle rocce, dimostrando che India, Australia, Africa meridionale e America meridionale erano state coperte contemporaneamente dai ghiacci, presumibilmente prima della loro separazione.

Nel 1932 Alexandre Bessmertny, autore di una delle prime esposizioni critiche delle ipotesi relative all'enigma di Atlantide, mise in evidenza, con estrema lucidità, le conseguenze da trarre nel caso l'ipotesi di Wegener fosse stata ritenuta valida: «La teoria della deriva dei continenti di Wegener rende superflua l'ipotesi di un ponte intercontinentale. Questa teoria ammette l'esistenza primitiva di un continente unico che i processi geologici avrebbero in seguito frammentato provocando la deriva dell'America. Come continente, dal punto di vista di Wegener, Atlantide non ha dunque potuto esistere».

Il lento, ma inesorabile, movimento delle masse continentali poteva essere di aiuto anche nella spiegazione dei terremoti. I geologi già da tempo erano a conoscenza delle cosiddette faglie, le caratteristiche fratture presenti tra le masse rocciose provocate, in maniera evidente, da un qualche movimento. La grande scossa verificatasi a San Francisco, nel 1906, aveva dimostrato in maniera inequivocabile che il sisma era legato allo scorrimento della faglia di Sant'Andrea, una spaccatura della terra che percorre la California per centinaia di chilometri. L'idea che anche la Terra (così come la natura vivente), al di sotto della crosta, fosse 'mobile' e non statica consentiva di fornire una risposta plausibile al problema dell'origine dei terremoti.

A partire dalla sua formulazione, l'ipotesi di Wegener fu molto discussa, dividendo la comunità scientifica in convinti sostenitori ed accaniti scettici. Soltanto a partire dagli anni Quaranta del Novecento nuove prove empiriche avrebbero portato alla definitiva accettazione dell'idea di mobilità o deriva dei continenti, trasformando la concezione originaria di Wegener nella cosiddetta teoria della tettonica a zolle.

Bruce Heezen, un geologo dell'osservatorio geologico dell'Università della Columbia, assieme alla cartografa Marie Tharp, mise a punto una mappa del fondo oceanico sulla base di nuovi rilevamenti effettuati nell'Atlantico, individuando la presenza di un'enorme frattura lungo la cresta della Dorsale Medio Atlantica in direzione nord-sud, larga circa 15 km e profonda qualche centinaio di metri. Tale spaccatura era caratterizzata da terremoti, emissioni di lava ed un flusso di calore otto volte superiore alla media. In seguito, furono individuate simili conformazioni anche negli altri oceani, formanti un unico sistema che si snodava attorno ai continenti. Il fatto che tali depressioni oceaniche producessero materiale significava che la Terra si stava dilatando in certe zone, mentre dovevano esisterne altre in cui (scartando l'idea che il pianeta potesse aumentare di volume nel tempo) lo stesso materiale andava distrutto. L'originaria ipotesi di Wegener poteva adesso essere ripresa e vista secondo una nuova prospettiva. Nei successivi vent'anni il dibattito fra gli scienziati fu molto acceso. All'inizio degli anni Sessanta, Harry Hammond Hess elaborò una teoria nella quale si dimostrava che i fondali oceanici si stavano espandendo. Non molto tempo dopo, Fred Vine e Drummond Matthews ne fornirono una prova certa. Sulla base delle anomalie registrate nel corso dei loro studi sul paleomagnetismo, essi dimostrarono che, nel tempo, non erano stati i poli magnetici a spostarsi, ma i continenti a muoversi. Il geologo e geofisico canadese John Tuzo Wilson giunse quindi a formulare la teoria della tettonica a zolle, esposta in un articolo pubblicato su «Nature» nel 1965. Wilson stabilì che i movimenti della crosta terrestre, caratterizzati dall'attività sismica e vulcanica, si verificano soprattutto in punti specifici quali le catene montuose, gli archi insulari o le dorsali medie-oceaniche, e nelle faglie maggiori con grandi spostamenti orizzontali. Queste zone rappresentano dunque il confine di ampie e rigide 'placche' in collegamento fra loro, che talvolta si allontanano, talvolta si scontrano.

La rivoluzione determinata in campo geologico dall'affermazione della tettonica a zolle è paragonabile a quella che ebbe luogo in astronomia e in fisica nel Seicento e nel mondo delle scienze della natura tra Sette e Ottocento. Hanno queste rivoluzioni cambiato il nostro modo di concepirci come esseri umani, di riflettere sulla nostra origine, di progettare il futuro in base a una migliore conoscenza di noi stessi?

Non sembrerebbe proprio.

Capitolo 8

Quante risorse abbiamo?

Alla fine del Settecento, l'allargamento delle conoscenze sulla formazione del nostro pianeta iniziò a far comprendere agli scienziati che la Terra era un sistema complesso, i cui elementi, incluso l'uomo, andavano concepiti come interconnessi fra loro. Ciò spinse i cultori di storia naturale ad interessarsi maggiormente allo studio delle relazioni fra i corpi, sia che fossero minerali, vegetali o animali, piuttosto che alla loro descrizione o classificazione. Il tema dell'unità dei fenomeni naturali ha costituito una delle grandi prospettive di ricerca del XIX secolo, aprendo la strada da una parte alla comprensione dei cicli degli elementi di base della biochimica, dall'altra alla nascita dell'ecologia come disciplina scientifica. Fra i protagonisti di questa storia va ricordato Alexander von Humboldt, uno degli autori preferiti da Charles Darwin. Humboldt progettò la realizzazione di un grandioso quadro di analisi dei fenomeni naturali e delle loro relazioni, da concretizzarsi anche attraverso l'uso del viaggio scientifico, di cui il naturalista tedesco fu sicuramente uno dei grandi interpreti. Poco prima di partire assieme ad Aimé Bonpland per una straordinaria spedizione nel Centro e Sud America, Humboldt scrisse all'amico Freisleben: «Raccoglierò piante e fossili e mi dedicherò a osservazioni di astronomia. Ma non è questo lo scopo principale della mia missione. Mi sforzerò di scoprire l'interazione delle forze della natura e le influenze che esercita l'ambiente geografico sulla vita vegetale e animale. In altri termini, mi propongo di esplorare l'unità della natura». Humboldt non riteneva fondamentale scoprire e classificare nuove specie di piante. La sua intenzione era quella di studiare la distribuzione dei grandi ambienti naturali caratterizzati da una particolare vegetazione. Humboldt fondò così la biogeografia, ponendo le basi per una serie di concetti che saranno poi definiti all'interno dell'ecologia vegetale, che si svilupperà pienamente a partire dall'affermazione della teoria della selezione naturale. E sarà proprio lo scienziato tedesco Ernst Haeckel, uno dei più convinti sostenitori dell'opera di Darwin nei paesi tedeschi, a coniare, nel 1866, il termine «ecologia», intesa come «la scienza che studia l'insieme delle relazioni dell'organismo con l'ambiente circostante, comprendente in senso lato tutte le condizioni dell'esistenza». L'ecologia moderna, dunque, è figlia dell'evoluzionismo darwiniano, ed è comprensibile soltanto facendo riferimento ai modi e ai meccanismi del suo funzionamento. Scriverà Alfred Lotka nel 1925 nei suoi *Elementi di biologia fisica*: «Di solito si discute 'l'evoluzione di una specie di organismi'. Man mano che procederemo nella ricerca troveremo parecchie ragioni per le quali dovremmo prendere in considerazione l'evoluzione come un tutto del sistema (organismo più ambiente). Può sembrare a prima vista di essere di fronte a un problema più complicato di quello che si avrebbe se si considerasse solo una parte del sistema. Ma risulterà chiaro che le leggi fisiche che governano l'evoluzione prendono con ogni probabilità una forma più semplice quando sono riferite al sistema come un tutto piuttosto che ad una sua qualsiasi parte».

Che l'uomo facesse parte integrante del 'sistema ecologico' e che la sua presenza nel mondo fosse all'origine di una delle innumerevoli interazioni fra organismi e ambiente fu ben presto chiaro grazie alla realizzazione di numerosi studi. Celebri sono le indagini di Karl Möbius sulla produttività dei banchi di ostriche del Wattenmeer, località lungo la costa dell'Holstein. Le ricerche di Möbius dimostrarono come l'aumento incontrollato della produzione delle ostriche avesse alterato in maniera distruttiva gli equilibri della zona. Infatti, dai 15 milioni della stagione 1854-55 si era passati alla cifra di 400.000 del 1863-64. Nel corso del Novecento è diventato evidente che i livelli di riproduzione delle popolazioni animali e vegetali non possono mantenere ritmi di sfruttamento sempre più elevati. Secondo il Millennium Ecosystem Assessment (voluto dall'Onu e diffuso nel marzo del 2005, dopo quattro anni di lavoro di 1360 esperti della Fao e del Wwf), durante il XX secolo il coefficiente di estinzione delle specie ha subito un incremento valutabile in mille volte rispetto alla media della storia della Terra. L'inevitabile conseguenza di tale incremento è la riduzione progressiva della biodiversità. «Il mondo vivente», ha scritto Niels Eldredge, paleontologo di fama mondiale, «è stato interessato nel passato da almeno cinque grandi estinzioni di massa. La più prossima a noi, e anche la più famosa, è avvenuta circa 65 milioni di anni fa, quando si estinsero gli ultimi dinosauri assieme a numerose altre specie terrestri e marine». L'ultima estinzione, tuttavia, quella che ci riguarda da vicino, ha caratteristiche diverse rispetto alle precedenti: «L'attuale crisi della biodiversità (la 'Sesta

Estinzione' che incombe su molte specie del pianeta) non è causata da meteoriti o da altri mutamenti naturali dell'ambiente, ma da noi, la specie *Homo sapiens*. Soltanto molto tempo dopo che il nostro comportamento sarà cambiato (o dopo che ci saremo estinti), i processi evolutivi sostituiranno le specie scomparse ricostruendo gli ecosistemi che già sono stati distrutti o pesantemente compromessi».

Paolo Rossi ha chiarito come nel periodo compreso fra il tardo illuminismo e la comparsa del positivismo si sia affermata nella cultura occidentale una particolare concezione dell'idea di progresso, qualificabile come una vera e propria *fede* nel progresso: «Quella fede riposava principalmente su tre convinzioni: 1) nella storia è presente una legge che tende, attraverso gradi o tappe, alla perfezione e alla felicità del genere umano; 2) tale processo di perfezionamento viene generalmente identificato con lo sviluppo e la crescita del sapere scientifico e della tecnica; 3) scienza e tecnica sono la principale fonte del progresso politico e di quello morale e costituiscono la conferma di tale progresso». Ben diversa era stata, fino ad allora, l'idea di «avanzamento del sapere», che aveva trovato una pregevole sintesi nell'opera di Francis Bacon (o, se preferite, Francesco Bacone), il migliore interprete del significato e dello scopo della scienza e della tecnica nell'età moderna. Infatti, a proposito del destino dell'uomo, Bacone ha sempre e solo parlato di «ragionevoli speranze» e «non ha mai propugnato alcuna fede cieca nel progresso». Per il filosofo inglese non esisteva affatto «un rapporto necessario fra aumento del sapere-potere e crescita morale». Ed era perfettamente consapevole del fatto che la tecnica aveva una natura 'ambigua', ma al tempo stesso 'neutra': i suoi effetti positivi o negativi, infatti, dipendono esclusivamente dalle scelte dell'uomo. Forse sarebbe il momento di abbandonare una volta per tutte l'ideologia positivistica del progresso (ancora largamente diffusa in molti settori delle società occidentali), e di tornare a leggere con maggiore attenzione i testi di Bacone, spesso dimenticati o male interpretati. L'umanità ha certamente la capacità di progredire, ma il suo sviluppo non è garantito da una legge deterministica che regola il cammino della storia (come hanno pensato molti filosofi e scienziati) né, tantomeno, è iscritto in qualche oscura profezia (i lettori di questo libro potranno constatare che lo stanno leggendo dopo il 21 dicembre 2012, cioè dopo la annunciata fine del mondo). No, la direzione da intraprendere spetta esclusivamente a noi, sulla base degli obiettivi che pensiamo sia giusto realizzare. È responsabilità quindi esclusivamente umana decidere di fare un uso equilibrato delle risorse naturali e di ridistribuire la ricchezza in maniera più equa, sia a livello internazionale, sia a livello dei redditi dei cittadini dei singoli stati.

La crescita economica non ha alcun valore se sviluppata in maniera indipendente dall'etica e dal contesto sociale, né tantomeno può essere affidata a modelli matematici dotati della miracolosa capacità di prevedere l'andamento dei mercati. «L'idea di avere a disposizione modelli in grado di rendere conto delle incertezze e dei comportamenti imprevedibili dei mercati è folle. Ma è così che sono stati usati i modelli», ha affermato David Colander, economista del Middlebury College. Più o meno nella stessa maniera si è espresso David H. Freedman, in un articolo pubblicato su «Le Scienze» nel gennaio del 2012: «Il crollo dei mercati nel 2008, che ha gettato il mondo nella crisi economica tuttora in corso ha avuto molte cause. Una è la matematica. Le società di investimenti avevano infatti sviluppato modalità di investimento dei soldi dei clienti così complesse da affidarsi ad arcane formule matematiche nella valutazione dei rischi. Solo che, come abbiamo dolorosamente appreso tre anni fa, quelle formule, o modelli, sono un pallido riflesso del mondo reale e, a volte, possono essere terribilmente fuorvianti».

Fra i numeri più fuorvianti dell'economia c'è indubbiamente il famigerato pil (prodotto interno lordo). Rivedere l'idea di crescita significa anche giungere finalmente alla sostituzione del pil con altri tipi di indicatori. Come ha scritto, già negli anni Sessanta del Novecento, Kenneth Boulding, «il pil è una ben miserabile misura del benessere», perché «può crescere grazie alla corsa agli armamenti o alla costruzione di dighe inutili». Il pil infatti esprime il valore complessivo di tutti i beni e servizi prodotti da un paese in un dato periodo di tempo. Il termine chiave è «complessivo». Il pil, cioè, può aumentare indipendentemente dal valore e dalla qualità delle cose che facciamo o che produciamo. È un numero che può crescere sia che si produca un film o che si faccia una guerra. Il pil non fa distinzione fra elementi negativi e positivi, e spesso evita di prendere in considerazione, in termini economici, le ricadute delle azioni che vengono compiute: «quando qualcuno inquina qualche cosa e qualcun altro depura, le spese per la depurazione fanno aumentare il pil, ma il costo dei danni arrecati dall'inquinamento non viene sottratto, il che, ovviamente, è ridicolo». Evidentemente c'è qualcosa che non va. Non è così che si determina la qualità della vita. La crescita può essere ottenuta e misurata diversamente.

Kenneth Boulding è stato anche uno tra i primi a descrivere in maniera corretta la posizione del nostro pianeta nell'universo, in relazione all'economia e allo sfruttamento delle risorse, utilizzando una metafora destinata ad essere vincente, quella dell'astronave: «la Terra va considerata una navicella spaziale, nella quale la disponibilità di qualsiasi cosa ha un limite, per quanto riguarda sia la possibilità di uso, sia la capacità di accogliere i rifiuti, e nella quale perciò bisogna comportarsi come in un sistema ecologico chiuso capace di rigenerare continuamente i materiali, usando soltanto un apporto esterno di energia». E l'energia esterna, per quello che al momento ne sappiamo, non può che essere quella proveniente dal Sole.

All'inizio del Settecento, così come era accaduto per moltissimi secoli, l'Europa otteneva la quasi totalità delle sue risorse energetiche primarie da biomasse, in particolare dal legname. In Inghilterra, la progressiva scarsità di legna determinò la ricerca di un combustibile meno facile da reperire, ma disponibile in abbondante quantità: il carbone. Il carbone era molto più potente della legna, a parità di peso, e con esso si poteva ottenere una quantità elevata di lavoro. Dal punto di vista energetico, questo fu il fattore decisivo che dette vita alla rivoluzione industriale.

Fin dalla metà dell'Ottocento, numerosi scienziati ed economisti cercarono di far presente, alla comunità scientifica e all'opinione pubblica, che la nuova materia prima non avrebbe comunque potuto costituire una fonte di energia illimitata. William Stanley Jevons criticò duramente l'atteggiamento della Gran Bretagna nei confronti dello sfruttamento del carbone, definendolo con termini quali «arrogante» e «folle». Concetto ribadito l'anno seguente da John Herschel, il figlio del grande astronomo: «Consumiamo le nostre energie e diamo fondo alla nostra vita nazionale a un tasso enorme e crescente per cui, quando, presto o tardi, verrà la resa dei conti, sarà un gran brutto giorno». Sarà tuttavia Clausius a scrivere una delle pagine più lucide sul problema dell'uso delle risorse fossili: «Per quanto riguarda il consumo di energia meccanica, viviamo oggi in un'epoca meravigliosa. In economia vi è una regola generale secondo la quale il consumo di un dato bene in un dato periodo non deve superare la sua produzione nello stesso periodo. Insomma, dovremmo consumare solo il combustibile che si riproduce attraverso lo sviluppo delle foreste, anche se in pratica ci comportiamo in maniera del tutto diversa. Sappiamo che sotto terra vi sono da tempi remoti depositi di carbone, massicciamente accumulati grazie alla crescita della vegetazione allora esistente sulla Terra per periodi così lunghi che, al loro confronto, i tempi storici appaiono infinitamente brevi. Oggi stiamo consumando questo patrimonio, comportandoci come eredi scialacquatori. Si estrae dal suolo quanto la forza umana e i mezzi tecnici consentono, e quel che viene estratto è consumato come se fosse inesauribile. La quantità di ferrovie, piroscafi e fabbriche attrezzati con macchine a vapore cresce in modo vertiginoso così che, quando guardiamo al futuro, ci domandiamo inevitabilmente cosa accadrà una volta che le riserve di carbone saranno esaurite».

Dalle parole di Clausius emerge la consapevolezza di un uomo che ha ben chiare le caratteristiche e la storia del mondo in cui vive. La Terra non è un paradiso terrestre, i cui frutti sono stati messi a disposizione dell'uomo per farne un uso indiscriminato. Il nostro pianeta ha alle spalle una complessa storia e le risorse che stiamo dilapidando si sono formate in lunghissimi periodi di tempo. È come se in una notte noi perdessimo al casinò un'eredità accumulata dalla nostra famiglia in numerose generazioni e al prezzo di incredibili sacrifici. In sostanza, un comportamento irresponsabile.

Alla fine dell'Ottocento, una straordinaria serie di innovazioni teoriche e tecnologiche sembrò promettere lo sviluppo di nuove possibilità, facendo addirittura sperare nella sostituzione del carbone con una nuova risorsa: l'energia idroelettrica. «Queste forze della natura», scriveva Clausius, «dovrebbero essere sfruttate al più presto in modo efficiente e su grande scala per risparmiare le riserve di carbone da un rapido esaurimento. Sotto terra il carbone non si deteriorerà». Il fisico tedesco era convinto che i sistemi idroelettrici rappresentassero un modo più razionale per produrre energia rispetto a quelli basati sull'impiego del carbone. Un'analisi, quella di Clausius, pienamente condivisa dallo scienziato triestino (ma di origine armena) Giacomo Ciamician, professore di chimica all'Università di Bologna. Secondo Ciamician, lo sviluppo dell'industria idroelettrica rappresentava soltanto il primo passo verso una corretta utilizzazione delle fonti energetiche, in modo tale da porre fine all'era del carbone fossile, cioè di una risorsa, «accumulata nel tempo d'una lunga serie di secoli», ed ora impiegata «con crescente avidità e spensierata prodigalità per la conquista del mondo». Perché avrebbe dovuto risultare «conveniente» riuscire a «produrre con le riserve di carbone relativamente piccole, che le passate epoche geologiche ci hanno dato in retaggio, quello che la natura gratuitamente ci offre su larga scala frutto dell'energia solare»? Non aveva alcun senso. L'umanità, se avesse voluto essere razionale e previdente, avrebbe dovuto investire da subito enormi finanziamenti per realizzare la produzione di energia tratta direttamente dal Sole. Il chimico triestino fu indubbiamente il primo al mondo a sostenere con forza questa linea di ricerca.

Ciamician ebbe la possibilità di far conoscere le sue idee a livello internazionale, partecipando all'8° Congresso di Chimica Applicata, che si tenne negli Stati Uniti nel 1912. Lo scienziato triestino parlò a New York l'11 settembre (una data destinata a restare scolpita nella memoria di quella città e del mondo intero per ben altri motivi). La domanda che pose al suo uditorio, per invitarlo a riflettere sul tema della conferenza, è precisa: «L'energia solare *fossile* è la sola che possa giovare alla vita e alla civiltà moderna? That is the question». Non è necessario in questa sede soffermarsi troppo a lungo sui contenuti dell'intervento di Ciamician (che aveva come titolo *La fotochimica dell'avvenire*), la cui lettura diretta vale più di qualsiasi riassunto, come spesso accade per i testi destinati a lasciare un segno nella storia della scienza (e non solo). Non possiamo tuttavia non soffermarci sull'efficacia e la potenza della conclusione, ricca di tematiche, anche psicologiche, relative ai tratti della civiltà del carbone: «E se giungerà in un lontano avvenire il momento in cui il carbon fossile sarà esaurito, non per questo la civiltà avrà fine: ché la vita e la civiltà dureranno finché splende il sole! E se anche alla civiltà del carbone, nera e nervosa ed esaurientemente frettolosa dell'epoca nostra dovesse far seguito quella forse più tranquilla dell'energia solare non ne verrebbe un gran male per il progresso e la felicità umana».

In realtà l'«avvenire» evocato da Ciamician era meno «lontano» di quanto si sarebbe potuto sospettare. La prima guerra mondiale, infatti, mise l'Italia di fronte alla realtà di come fosse possibile sopravvivere senza carbone. In uno scritto del 1917 il chimico triestino non esitò dunque a ritornare sulla questione, quanto mai urgente ed attuale: «In occasione dell'8° Congresso di chimica applicata, che ebbe luogo a New York nel settembre del 1912, ho tenuto una conferenza 'sulla fotochimica dell'avvenire', in cui ho tentato di esporre in quale modo le industrie e segnatamente quelle chimiche avrebbero potuto giovarsi dell'energia solare quando fossero venuti a mancare i combustibili fossili. La guerra mondiale ha determinato per varie ragioni uno stato di cose in un certo modo simile a quello che avrebbe prodotto l'esaurirsi delle miniere, contemplato in quel mio discorso, il quale ora può presentare qualche interesse, essendo l'argomento divenuto di attualità».

Le cose andarono ben diversamente rispetto ai desideri di Ciamician. D'altra parte, come ha scritto Donald Cardwell, nessuno, all'inizio del Novecento, fu in grado di prevedere l'avvento del petrolio come fonte energetica di riferimento a livello mondiale. Infatti, «per una tale percezione sarebbe occorsa una mente onnisciente, che padroneggiasse la geologia del petrolio, i processi della sua raffinazione, l'ingegneria automobilistica, la capacità di adattamento e il variare dei gusti della gente». Prevedere il futuro è sempre una cosa molto difficile. E così anche l'auspicio formulato da Clausius rimase per il momento inascoltato: «I prossimi secoli avranno come principale compito quello di introdurre una saggia economia nel consumo delle risorse naturali, con particolare riguardo per quelle che ci sono pervenute in eredità da epoche passate e che non dovremmo sprecare perché non possono essere ripristinate. Più rapidamente si realizzerà questa trasformazione, meglio sarà».

Se Clausius avesse la possibilità di accedere ai dati attuali relativi ai consumi mondiali resterebbe alquanto sconfortato di fronte alla incapacità della specie umana di «introdurre una saggia economia nel consumo delle risorse naturali». Prendiamo in considerazione, ad esempio, la cosiddetta 'impronta ecologica', «definita come l'area di superficie terrestre capace di fornire le risorse necessarie al consumo quotidiano di una persona e di smaltirne i rifiuti». Come ci ricordano Nicola Armaroli e Vincenzo Balzani, «la Terra oggi è in grado di 'sopportare' un'impronta ecologica media di 1,8 ettari per abitante (1 ettaro = 10.000 m^2). Le stime più recenti mostrano che in media un cittadino statunitense ha un'impronta ecologica di 9,6 ettari. L'impronta in ettari vale 7,6 per un canadese, 4,5 per un tedesco, 4,2 per un italiano, 1,3 per un colombiano, 0,8 per un indiano, 0,7 per un eritreo, 0,1 per un afghano». Lasciando da parte le considerazioni etiche, morali e politiche (che lasciamo agli specialisti di queste materie) sul valore positivo o negativo della disparità fra le 'impronte' dei cittadini delle diverse nazioni, è sufficiente rilevare il dato che «se ciascuno dei 6,7 miliardi di abitanti della Terra avesse un'impronta ecologica uguale a quella dello statunitense medio, avremmo già oggi bisogno di circa *quattro Terre*» (com'è noto, nel corso del 2011 abbiamo raggiunto quota 7 miliardi). Come sarà possibile per tutti gli abitanti della Terra raggiungere lo stesso tenore di vita? Non è detto che questo non possa in qualche modo avverarsi, data l'imprevedibilità della storia e del futuro, ma porsi il problema credo sia un atteggiamento responsabile, al di là di ogni inguaribile ottimismo o tragico pessimismo. In ogni caso, da tempo abbiamo superato, a livello di media mondiale uniformemente distribuita, la soglia di 1,8, l'impronta ecologica sopportabile dal pianeta. Una Terra, stando così le cose, non è ormai più sufficiente.

Rivedere il nostro rapporto con le fonti energetiche non significa necessariamente dover rinunciare a un sistema fondato sul concetto di crescita o su un'economia di mercato. Come ha scritto Sergio Ferrari, il quale si è a lungo occupato di questioni relative allo sviluppo tecnologico ed energetico, è evidente a tutti che nessuna legge economica può contraddire le certezze di una acquisizione scientifica, nel caso specifico del secondo principio della termodinamica. Non è quindi possibile, come già sapeva Clausius, una crescita infinita, «essendo discutibili solo le scadenze della crisi finale in funzione dell'andamento della demografia, dei consumi pro-capite e delle tecnologie di produzione e consumo». Tuttavia, tali fattori vanno di volta studiati e misurati con attenzione e prudenza, perché «non è indifferente sapere se tale ineluttabilità riguarda un orizzonte di tempo in qualche misura limitato oppure se si tratta di una prospettiva 'teorica' indefinita nel tempo». Inoltre, pur essendo la Terra un sistema chiuso del punto di vista termodinamico (e quindi soggetto a inevitabili limiti di sviluppo), non significa che essa non possa consentire lo scambio di energia ai propri confini. Anche Herman Daly, uno dei fondatori dell'economia ecologica, un nuovo settore degli studi economici nato negli anni Settanta del Novecento, ammette chiaramente questa possibilità: «la biosfera è finita, non cresce, è chiusa (con l'eccezione del costante apporto di energia dal Sole), ed è regolata dalle leggi della termodinamica. Qualunque sottosistema, come l'economia, a un certo punto deve smettere di crescere e adattarsi a un equilibrio dinamico, simile a uno stato stazionario». La precisazione «con l'eccezione del costante apporto di energia dal Sole» non è secondaria. In pratica, le conclusioni negative che si possono trarre dal secondo principio della termodinamica possono essere modificate prendendo «in considerazione i flussi di energia provenienti sulla Terra da parte del Sole».

La prima scelta strategica da fare, dunque, sarebbe quella di investire più fondi nelle ricerche volte allo studio dello sfruttamento dell'energia solare, visto che si presenta anche come una fonte di energia illimitata nel tempo. Cinque miliardi di anni – la vita che resta al Sole – possono bastarci per mettere in piedi qualche progetto a lunga scadenza che non rinunci all'idea di crescita economica? Qualcuno pare ci stia già pensando. Questo non significa che si debbano chiudere le porte all'uso di diverse risorse energetiche e soprattutto alla ricerca scientifica in altri settori, fra cui lo studio delle proprietà atomiche. Anche perché la conoscenza delle potenzialità del nucleare non è qualcosa che dovrà necessariamente avere a che fare con il nostro fabbisogno energetico. Viceversa, potrebbe continuare ad essere utile in ambito medico, oppure per i prossimi viaggi spaziali, o chissà per quali altre innovazioni per noi totalmente inimmaginabili. Il futuro, ricordiamocelo bene, è difficile da prevedere. Secondo Richard Feynman, questa è anche una delle caratteristiche più felici e importanti della scienza e, più in generale, dell'essere umano: «Tutta la conoscenza scientifica è incerta: gli scienziati sono abituati a convivere con il dubbio e l'incertezza. Questo tipo di esperienza è preziosa, e a mio modo di vedere anche al di là della scienza. Nell'affrontare una situazione bisogna lasciare aperta la porta sull'ignoto, ammettere la possibilità di non sapere esattamente come stanno le cose; in caso contrario, potremmo non riuscire a trovare le soluzioni». Riguardo al nostro passato, invece, la maggior parte delle cose che dovremmo ricordare derivano dalla storia della Terra e dalla sua posizione nell'universo, dalla teoria dell'evoluzione, nonché dalla progressiva comprensione che l'ecologia è una scienza globale che ha come oggetto di studio l'interazione tra il suolo, i mari, i laghi, i fiumi e la vita in essi contenuta, considerando gli organismi viventi (e a maggior ragione l'uomo) come partecipanti attivi a tali interazioni, dunque artefici, nel bene e nel male, dei fenomeni evolutivi del pianeta. Cerchiamo di ricordarci bene le proporzioni del calendario geologico. Rispetto alla Terra, paragonata sulla scala di un anno, ogni nostra esistenza non è molto più lunga di uno schiocco di dita. Utilizziamo questo tempo con raziocinio. Provando a pensare non solo a noi (come è giusto che sia) ma, talvolta, a chi verrà dopo di noi. Anche se solo per un altro, bellissimo, mezzo secondo.

Bibliografia

I titoli indicati fanno esclusivo riferimento ai testi da cui sono state tratte le citazioni presenti nel libro. La bibliografia costituisce comunque un utile punto di riferimento per ulteriori approfondimenti degli argomenti trattati.

Introduzione. La scoperta della Terra

U. Guidoni, *Dottore, ho il mal di spazio*, in «l'Unità», 26 luglio 2003; R. Poole, *How Man First Saw The Earth*, New Haven, Yale University Press, 2008; P. Rossi, *L'universo infinito e i mondi abitati*, in *Storia della scienza moderna e contemporanea*, diretta da P. Rossi, 3 voll. in 5 t., Torino, Utet, 1988, vol. I, pp. 321-342.

1. La fine delle stelle fisse

La Bibbia di Gerusalemme, Bologna, Edizioni Dehoniane, 1992; N. Copernico, *De revolutionibus orbium coelestium*, a cura di A. Koyré, Torino, Einaudi, 1975; J. Donne, *Anatomia del mondo. Duello della morte*, a cura di G. Melchiori, Milano, Mondadori, 1983; U. Eco, *Dalla Terra piatta alla Terra cava*, in *Segni e sogni della terra. Il disegno del mondo dal mito di Atlante alla geografia delle reti*, Novara, De Agostini, 2001, pp. 15-22; G. Galilei, *Scritti letterari*, a cura di A. Chiari, Firenze, Le Monnier, 1943; Id., *Rime*, a cura di A. Marzo, Roma, Salerno, 2001; Id., *Scienza e religione. Scritti copernicani*, a cura di M. Bucciantini e M. Camerota, Roma, Donzelli, 2009; Id., *Il Saggiatore*, edizione critica e commento a cura di O. Besomi e M. Helbing, Roma, Antenore, 2005; J.E. Geach, *Le galassie perdute*, in «Le Scienze», n. 515, luglio 2011, pp. 42-49; I. Kant, *Storia universale della natura e Teoria del cielo*, a cura di G. Scarpelli e S. Velotti, Roma, Bulzoni, 2009; G. Leopardi, *Tutte le opere*, 2 voll., a cura di W. Binni, Firenze, Sansoni, 1993; E. Panofsky, *Galileo critico delle arti*, a cura di M.C. Mazzi, Milano, Abscondita, 2008; C. Sagan, *Il romanzo della scienza*, Milano, Mondadori, 1982; V. Viviani, *Vita di Galileo*, Milano, Rizzoli, 1954; L.S. Vygotskij, *Immaginazione e creatività nell'età infantile*, Roma, Editori Riuniti, 1972.

2. Gli elementi della materia

F. Abbri, *La chimica del '700*, Torino, Loescher, 1978; Id., *Elementi, principi, particelle. Le teorie chimiche da Paracelso a Stahl*, Torino, Loescher, 1980; M. Ciardi, *Breve storia delle teorie della materia*, Roma, Carocci, 2003; A.-L. Lavoisier, *Memorie scientifiche*, a cura di F. Abbri, Roma-Napoli, Theoria, 1986; D.I. Mendeleev, *Il sistema periodico degli elementi*, a cura di S. Tagliagambe, Roma, Teknos, 1994; V. Vedral, *Vivere in un mondo quantistico*, in «Le Scienze», n. 516, agosto 2011, pp. 36-41; J.-P. Verdet, *Storia dell'astronomia*, Milano, Longanesi, 1990.

3. Gli spazi della geografia

Aristotele, *Opere*, 11 voll., Roma-Bari, Laterza, 1982-1984, vol. III: *Fisica. Del cielo*, 1983, trad. it. di A. Russo e O. Longo; C. Colombo, *I diari di bordo*, a cura di M.L. Fagioli, Pordenone, Edizioni Studio Tesi, 1992; Copernico, *De revolutionibus orbium coelestium* cit.; M. Ciardi (a cura di), *Esplorazioni e viaggi scientifici nel Settecento*, Milano, Rizzoli, 2008; P. Valéry, *Sguardi sul mondo attuale e altri saggi*, a cura di F.C. Papparo, Milano, Adelphi, 1994.

4. Il tempo si allunga

G.-L.L. de Buffon, *Storia naturale*, a cura di M. Renzoni, Torino, Boringhieri, 1959; Id., *Epoche della natura*, a cura di M. Renzoni, Torino, Boringhieri, 1969; M. Ciardi, *Atlantide. Una controversia scientifica da Colombo a Darwin*, Roma, Carocci, 2002; Ciardi, *Esplorazioni e viaggi* cit.; I. Kant, *Geografia fisica*, 6 voll., Milano, Silvestri, 1807-1811; Id., *Storia universale della natura* cit.; J.-B. Lamarck, *Filosofia zoologica*, a cura di G. Barsanti, Firenze, La Nuova Italia, 1976; Sagan, *Il romanzo della scienza* cit.; A.N. Whitehead, *Natura e vita*, a cura di M. Ciardi, trad. it. di M. Di Matteo, Milano, Mimesis, 2012.

5. La natura è mobile

G. Barsanti, *Una lunga pazienza cieca. Storia dell'evoluzionismo*, Torino, Einaudi, 2005; Buffon, *Epoche della natura* cit.; F. Cavalli-Sforza, *Il popolamento dell'Europa e la ricerca di un'identità*, in *Natura, cultura, identità*, a cura di G. Pancaldi, Bologna, Università di Bologna, 2004, pp. 25-44; G. Corbellini, *L'errore di Darwin*, in «Il Sole-24 ore», 18 settembre 2011, p. 29; C. Darwin, *Viaggio di un naturalista intorno al mondo*, Torino, Einaudi, 1989; Id., *L'origine delle specie per selezione naturale o la preservazione delle razze privilegiate nella lotta per la vita*, a cura di P. Omodeo, trad. it. di C. Balducci, Roma, Newton Compton, 2000; Id., *Autobiografia*, a cura di N. Barlow, nuova introduzione di G. Giorello, Torino, Einaudi, 2006; Id., *Lettere 1825-1859*, a cura di F. Burkhardt, prefazione di S.J. Gould, Milano, Raffaello Cortina, 1999; B. Fantini (a cura di), *L'evoluzionismo*, Roma, Editori Riuniti, 1976; *L'evoluzionismo*, a cura di V. Somenzi, Torino, Loescher, 1973; Leopardi, *Tutte le opere* cit.; J. Monod, *Il caso e la necessità*, Milano, Mondadori, 1997; N. Morello, *La macchina della Terra. Teorie geologiche dal Seicento all'Ottocento*, Torino, Loescher, 1979; L. Smolin, *La vita nel cosmo*, Torino, Einaudi, 1998.

6. *Il posto dell'uomo nella natura*

L. Cavalli-Sforza, *Geni, popoli e lingue*, Milano, Adelphi, 1996; Ciardi, *Breve storia delle teorie della materia* cit.; G. Coyne, *Rassegna stampa*, in *SWIF. Sito Web Italiano per la Filosofia*; Ciardi, *Esplorazioni e viaggi scientifici nel Settecento* cit.; T.H. Huxley, *Il posto dell'uomo nella natura*, a cura di A. Padoa, Milano, Feltrinelli, 1956; I. Kant, *Critica del Giudizio*, trad. it. di A. Gargiulo, riveduta da V. Verra, Roma-Bari, Laterza, 1982; Id., *Geografia fisica* cit.; T. Pievani, G.V. Coyne, *A Dio e/o a Darwin*, in «Micromega», 7, 2005, pp. 216-228; M. Shelley, *Frankenstein, ossia Il Moderno prometeo*, trad. it. di C. Zanolli e L. Caretti, Milano, Mondadori, 1994; F. Surdich, *Esplorazioni geografiche e sviluppo del colonialismo nell'età della rivoluzione industriale*, Firenze, La Nuova Italia, 1979.

7. *La voce dei terremoti*

G. Casanova, *Storia della mia fuga dai Piombi*, a cura di P. Chiara, Milano, Mondadori, 1976; M. Ciardi, *Le metamorfosi di Atlantide. Storie scientifiche e immaginarie da Platone a Walt Disney*, Roma, Carocci, 2011; M. Dragoni, *Terrae Motus. La sismologia da Eratostene allo tsunami di Sumatra*, Torino, Utet, 2005; P. Jordan, *La sindrome di Atlantide*, Roma, Newton Compton, 2003; M. Kaku, *Fisica dell'impossibile*, Torino, Codice Edizioni, 2008; Leopardi, *Tutte le opere* cit.; Voltaire, *Candido, ovvero l'ottimismo*, trad. it. di P. Bianconi, introduzione di I. Calvino, illustrato da P. Klee, Milano, Rizzoli, 1974; Voltaire, E. Rousseau, I. Kant, *Sulla catastrofe. L'Illuminismo e la filosofia del disastro*, a cura di A. Tagliapietra, Milano, Bruno Mondadori, 2004.

8. *Quante risorse abbiamo?*

N. Armaroli, V. Balzani, *Energia per l'astronave Terra*, Bologna, Zanichelli, 2008; D.S. Cardwell, *Tecnologia, scienza e storia*, Bologna, Il Mulino, 1976; G. Ciamician, *Chimica, filosofia, energia. Conferenze e discorsi*, a cura di M. Ciardi e S. Linguerri, Bologna, Bononia University Press, 2007; H. Daly, *L'economia in un mondo pieno*, in «Le Scienze», n. 447, novembre 2005; J.-P. Deléage, *Storia dell'ecologia. Una scienza dell'uomo e della natura*, Napoli, Cuen, 1994; N. Eldredge, *La vita in bilico. Il pianeta Terra sull'orlo dell'estinzione*, Torino, Einaudi, 2000; S. Ferrari, *L'oscuro oggetto della bioeconomia*, in «Scienza e Società», n. 5/6, settembre 2008, pp. 97-103; R.P. Feynman, *Il senso delle cose*, Milano, Adelphi, 1999; D. H. Freedman, *Una formula per rovinare l'economia*, in «Le Scienze», n. 521, gennaio 2012, pp. 83-85; G. Nebbia, *Kenneth Boulding*, in «Economia e ambiente», 18, nn. 4-5, 1999, pp. 9-12; P. Rossi, *Naufragi senza spettatore. L'idea di progresso*, Bologna, Il Mulino, 1995; Id., *Speriamo con Bacone*, in «Il Sole-24 ore», 9 dicembre 2007, p. 47.

Indici

Indice dei nomi

Acosta, José de, 88.
Adamo, 55.
Agide di Archidamo, 105.
Ariosto, Ludovico, 11.
Aristarco di Samo, 7.
Aristotele, 3-4, 8, 14-15, 26, 28-31, 37, 42, 106.
Armaroli, Nicola, 131.
Avogadro, Amedeo, 34.

Bacone (Francis Bacon), 50, 123-124.
Balzani, Vincenzo, 131.
Bayle, Pierre, 73.
Bellarmino, Roberto, 9, 15.
Bellone, Enrico, 24.
Bering, Vitus, 88.
Berni, Francesco, 11.
Bessmertny, Alexandre, 117.
Bonpland, Aimé, 120.
Boscaglia, Cosimo, 16.
Boucher de Perthes, Jacques, 96.
Bougainville, Louis-Antoine de, 46-47, 89.
Boulding, Kenneth, 125.
Boyle, Robert, 28-29.
Bruno, Giordano, 8-9, 17-18, 24.
Buffon, Georges-Louis Leclerc de, 57-58, 62, 64, 72-73, 92, 95.
Bunsen, Robert, 36.
Burbank, Truman, VIII, X.

Cam, 53.
Candide, 111.
Cardwell, Donald, 130.
Casanova, Giacomo, 110.
Cassini, Gian Domenico, 20.
Castelli, Benedetto, 16.
Cavalli-Sforza, Francesco, 79.
Cavalli-Sforza, Luigi, 98.
Cellarius, Andreas, 7.
Cernan, Eugene, V.
Cesi, Federico, 15.
Chambers, Robert, 77.
Ciamician, Giacomo, 128-130.
Cigoli, Ludovico, 15.
Clausius, Rudolph, 81, 127-128, 132.
Colander, David, 124.
Colombo, Cristoforo, 42, 47, 87, 90.
Comenio (Jan Amos Komenský), 10.
Cook, James, 47-50.
Copernico (Mikołaj Kopernik), 6-8, 15, 43, 53.
Corbellini, Gilberto, 10, 76.

Cosimo II de' Medici, 16.
Coyne, George V., 83, 100, 102.
Cristina di Lorena, 16.
Cusano, Nicola, 8.
Cuvier, Georges, 64-66, 75, 95-96.
Cyrano de Bergerac, Savinien de, 18, 24.

Dalton, John, 32-34.
Daly, Herman, 132.
Dante Alighieri, 5, 20.
Darwin, Charles, 31, 74-78, 80, 82, 96, 99, 115-116, 120-121.
Delamétherie, Jean-Claude, 95.
Democrito, 106.
Deucalione, 66.
Dewey, John, 10.
Diaz, Bartolomeo, 43.
Donne, John, 19-20.

Eco, Umberto, 3.
Eldredge, Niels, 122.
Eratostene, 3.
Euripide, 92.

Ferrari, Sergio, 131.
Feynman, Richard, 133.
Fitzroy, Robert, 75.
Flamsteed, John, 20.
Fontenelle, Bernard Le Bovier de, 18.
Forni, Giuseppe, 89.
Franklin, Benjamin, 93.
Fraunhofer, Joseph, 36.
Freedman, David H., 124.
Freisleben, Carl, 121.

Galilei, Galileo, 9-17, 26-29, 31, 35, 37, 50, 76, 80, 103-104.
Galilei, Vincenzo, 10.
Galvani, Luigi, 94.
Gama, Vasco da, 43.
Gassendi, Pierre, 27.
Geach, James H., 23.
Giorgio III di Hannover, 22, 46.
Giosuè, 6, 16.
Guettard, Jean-Etienne, 108.
Guidoni, Umberto, VI.

Haeckel, Ernst, 121.
Haller, Albrecht von, 60.
Hanks, Tom, VI.
Harrison, John, 48.
Heath, Emmanuel, 106.
Heezen, Bruce, 118.
Herschel, John, 126.
Herschel, William, 22-24.
Hess, Harry Hammond, 118.
Holywood, John (Giovanni Sacrobosco), 3.
Hooker, Joseph, 76.
Howard, Ron, VI.
Hoyle, Fred, 38.
Hubble, Edwin, 38.
Humboldt, Alexander von, 120-121.
Hutton, James, 75.
Huxley, Aldous, 96.
Huxley, Julian, 96.
Huxley, Leonard, 96.
Huxley, Thomas, 96, 98.
Huygens, Christiaan, VII-VIII.

Ippocrate, 74.

Jafet, 53.
Jevons, William Stanley, 126.
Jordan, Paul, 106.

Kaku, Michio, 113.
Kant, Immanuel, 20, 23, 38, 60, 63, 92, 101-102, 104, 114.
Kelvin, lord (William Thomson), 82.
Keplero (Johannes Kepler), 17-18.
Kircher, Athanasius, 68, 70-71, 115.
Kirchhoff, Gustav Robert, 36.

Lamarck, Jean-Baptiste, 62, 64-65, 73-74, 76, 78.
Lavoisier, Antoine-Laurent, 31-32, 80.
Leibniz, Gottfried Wilhelm von, 111.
Leonardo da Vinci, 55-56.
Leopardi, Giacomo, 24-25, 73, 113.
Levaillant, François, 91.
Linneo (Carl von Linné), 70-72.
Lorini, Niccolò, 16.
Lotka, Alfred, 121.
Lovell, James, VI.
Lubbock, John, 96.
Lucrezio, 26.
Lyell, Charles, 75, 77, 95.

Magellano, Ferdinando, 44.
Malaspina, Alessandro, 50.
Martino, Martini, 54.
Matthews, Drummond, 118.
Mendel, Johann Gregor, 80.
Mendeleev, Dmitrij Ivanovič, 38.
Mercator, Rumold, 45.
Möbius, Karl, 122.
Monod, Jacques, 83.
Montagu, John, 49.
Mosè, 66.

Newton, Isaac, 20-21, 28, 36, 54, 82, 94, 99.
Niebuhr, Carsten, 59.
Noè, 53, 69, 86-87.

Omero, 92.
Osiander, Andreas, 8.

Pangloss, 69, 111.
Panofsky, Erwin, 12.
Paolo V, 15.
Paracelso (Philipp Theophrast Bombast von Hohenheim), 30-32.
Pascal, Blaise, 28.
Petrarca, Francesco, 11.
Phillips, John, 95.
Pigafetta, Antonio, 44.
Platone, 66, 87, 106.
Polo, Marco, 43.

Ray, John, 67, 102.
Raynal, Thomas-François, 46.
Rossi, Paolo, 10, 123.
Rouelle, Guillaume-François, 31.
Rubens, Pieter Paul, 109.

Sagan, Carl, 24, 61.
Sem, 53-54.
Shelley, Mary, 94.
Smolin, Lee, 84.
Sofocle, 92.
Spallanzani, Lazzaro, 65.
Stenone (Niels Stensen), 56.

Talete, 106.
Tasso, Torquato, 11.
Tharp, Marie, 118.
Thomsen, Christian Jürgensen, 95.
Thomson, Joseph John, 34.
Tiziano Vecellio, 110.
Tolomeo, 6, 14.
Torricelli, Evangelista, 28.
Tucidide, 92, 106.

Valéry, Paul, 51.
Vedral, Vlatko, 35.
Verdet, Jean-Pierre, 36.
Verne, Jules, VI.
Vespucci, Amerigo, 43.
Vico, Giambattista, 54, 90.
Vine, Fred, 118.
Viviani, Vincenzo, 11.
Volney, Constantin-François Chasseboeuf de, 92.
Voltaire (François-Marie Arouet), 69, 111.
Vygotskij, Lev Semënovič, 12.

Waldseemüller, Martin, 43.
Wallace, Alfred Russel, 77-78.
Wallis, Samuel, 46.
Wegener, Alfred, 116-118.
Weir, Peter, VIII.
Whitehead, Alfred North, 35, 62.
Wilson, John Tuzo, 119.
Wollaston, William Hyde, 36.

Indice del volume

Introduzione
La scoperta della Terra V

1. La fine delle stelle fisse 3

2. Gli elementi della materia 26

3. Gli spazi della geografia 40

4. Il tempo si allunga 53

5. La natura è mobile 67

6. Il posto dell'uomo nella natura 86

7. La voce dei terremoti 105

8. Quante risorse abbiamo? 120

Bibliografia 135

Indice dei nomi 143